工业机器人应用基础

主 编　张新星

北京理工大学出版社
BEIJING INSTITUTE OF TECHNOLOGY PRESS

内 容 简 介

本书介绍了工业机器人的产生、发展和分类概况，工业机器人的组成、特点和技术性能等入门知识，重点针对不同类型的工业机器人进行了全面、系统地阐述，并对工业机器人本体的机械结构及安装维护要求进行了具体介绍。项目1介绍了机器人的产生、发展、分类及工业机器人的产品与应用情况；对工业机器人的组成、特点和技术性能进行了具体说明。项目2详细阐述了工业机器人的结构形式及各部分的机械结构；项目3~4对工业机器人的手动操作，示教编程做了说明；项目5~9以典型系统为例，具体介绍了不同类型工业机器人的安全操作、点动操作及示教编程、命令编辑、再现运行的基本方法和步骤；项目10~11对工业机器人的机械核心部件结构原理、产品分类、安装维护要求进行了具体的介绍。

图书在版编目（CIP）数据

工业机器人应用基础 / 张新星主编. -- 北京：北京理工大学出版社，2017.8（2024.1重印）

ISBN 978-7-5682-4584-5

Ⅰ.①工… Ⅱ.①张… Ⅲ.①工业机器人-高等学校-教材 Ⅳ.①TP242.2

中国版本图书馆 CIP 数据核字（2017）第 187997 号

责任编辑： 封 雪　　　**文案编辑：** 张鑫星
责任校对： 周瑞红　　　**责任印制：** 李志强

出版发行 / 北京理工大学出版社有限责任公司
社　　址 / 北京市丰台区四合庄路 6 号
邮　　编 / 100070
电　　话 / （010）68914026（教材售后服务热线）
　　　　　（010）68944437（课件资源服务热线）
网　　址 / http://www.bitpress.com.cn

版 印 次 / 2024 年 1 月第 1 版第 7 次印刷
印　　刷 / 廊坊市印艺阁数字科技有限公司
开　　本 / 787 mm×1092 mm　1/16
印　　张 / 11
字　　数 / 260 千字
定　　价 / 37.00 元

前 言

机器人在达到人类前沿的同时，积极应对着新兴领域中出现的各种挑战。新一代机器人和人类互动，和人类一起探索、工作，它们将会越来越多地接触人类及其生活。工业机器人是集机械、电子、控制、计算机、传感器、人工智能等多学科先进技术于一体的机电一体化设备，被称为工业自动化的三大支持技术之一。自工业革命以来，人力劳动已经逐渐被机械所取代，而这种变革为人类社会创造出巨大的财富，极大地推动了人类社会的进步。时至今天，机电一体化、机械智能化等技术应运而生。人类充分发挥主观能动性，进一步增强对机械的利用效率，使之为我们创造出更加巨大的生产力，并在一定程度上维护了社会的和谐。工业机器人的出现是人类在利用机械进行社会生产史上的一个里程碑。在发达国家中，工业机器人自动化生产线成套设备已成为自动化装备的主流及未来的发展方向。国外汽车行业、电子电器行业、工程机械等行业已经大量使用工业机器人自动化生产线，以保证产品质量，提高生产效率，同时避免了大量的工伤事故。全球诸多国家近半个世纪的工业机器人的使用实践表明，工业机器人的普及是实现自动化生产、提高社会生产效率、推动企业和社会生产力发展的有效手段。

本书介绍了工业机器人的产生、发展和分类概况，工业机器人的组成、特点和技术性能等入门知识，重点针对不同类型的工业机器人进行了全面、系统地阐述，并对工业机器人本体的机械结构及安装维护要求进行了深入具体的介绍。项目1介绍了机器人的产生、发展、分类及工业机器人的产品与应用情况；对工业机器人的组成、特点和技术性能进行了具体说明。项目2详细阐述了工业机器人的结构形式及各部分的机械结构；项目3~4对工业机器人的手动操作，示教编程做了说明；项目5~9以典型系统为例，具体介绍了不同类型工业机器人的安全操作、点动操作及示教编程、命令编辑、再现运行的基本方法和步骤；项目10~11对工业机器人的机械核心部件结构原理、产品分类、安装维护要求进行了具体介绍。

由于编著者水平有限，书中难免存在疏漏和错误，殷切期望广大读者提出批评、指正，以便进一步提高本书的质量。

编　者

Contents 目 录

项目1　认识工业机器人 ·· 001

　1.1 任务一　工业机器人的发展 ·· 001

　　1.1.1　什么是工业机器人 ·· 001

　　1.1.2　为何发展工业机器人 ·· 002

　　1.1.3　工业机器人的发展概况 ··· 002

　1.2 任务二　工业机器人的分类及应用 ·· 004

　　1.2.1　工业机器人的分类 ·· 004

　　1.2.2　工业机器人的应用 ·· 006

　本章小结 ·· 007

　任务工单 ·· 008

项目2　工业机器人的机械结构和运动控制 ····································· 009

　2.1 任务一　工业机器人的系统组成 ·· 010

　　2.1.1　操作机 ·· 010

　　2.1.2　控制器 ·· 013

　　2.1.3　示教器 ·· 015

　　2.1.4　技术指标 ·· 015

　2.2 任务二　工业机器人的运动控制 ·· 017

　　2.2.1　机器人运动学问题 ·· 017

　　2.2.2　机器人的点位运动和连续路径运动 ··································· 018

　　2.2.3　机器人的位置控制 ·· 019

　　2.2.4　运动控制电动机及驱动 ·· 019

　本章小结 ·· 020

　任务工单 ·· 020

项目3　手动操纵工业机器人 ··· 022

　3.1 任务一　认识机器人运动轴与坐标系 ······································ 023

　　3.1.1　机器人运动轴的名称 ·· 023

　　3.1.2　机器人坐标系的种类 ·· 024

　3.2 任务二　认识和使用示教器 ·· 028

目　录

　　3.2.1　示教和手动机器人 ··· 029

　　3.2.2　再现和生产运行 ··· 030

3.3 任务三　手动移动机器人 ··· 030

　　3.3.1　移动方式 ··· 030

　　3.3.2　典型坐标系下的手动操作 ··· 031

扩展与提高 ··· 032

本章小结 ··· 034

任务工单 ··· 034

项目4　工业机器人的作业示教 ··· 036

4.1 任务一　工业机器人示教的主要内容 ······································· 037

　　4.1.1　运动轨迹 ··· 037

　　4.1.2　作业条件 ··· 038

　　4.1.3　作业顺序 ··· 039

4.2 任务二　工业机器人的简单示教与再现 ····································· 039

　　4.2.1　在线示教及其特点 ··· 039

　　4.2.2　在线示教的基本步骤及其特点 ······································· 040

4.3 任务三　工业机器人的离线编程 ··· 043

　　4.3.1　离线编程及其特点 ··· 043

　　4.3.2　离线编程系统的软件构架 ··· 044

　　4.3.3　离线编程的基本步骤 ··· 045

扩展与提高 ··· 048

本章小结 ··· 049

任务工单 ··· 049

项目5　搬运机器人及其操作应用 ··· 052

5.1 任务一　认识搬运机器人 ··· 053

　　5.1.1　搬运机器人的系统组成 ··· 055

　　5.1.2　搬运机器人的作业示教 ··· 058

　　5.1.3　冷加工搬运作业 ··· 059

Contents 目 录

　　5.1.4 热加工搬运作业 ……………………………………………………… 062
　本章小结 …………………………………………………………………………… 063
　任务工单 …………………………………………………………………………… 063

项目6　码垛机器人及其操作应用 ……………………………………………… 066

　6.1 任务一　认识码垛机器人 ……………………………………………………… 066
　　6.1.1 码垛机器人的系统组成 ……………………………………………… 067
　　6.1.2 码垛机器人的作业示教 ……………………………………………… 068
　任务工单 …………………………………………………………………………… 072

项目7　焊接机器人及其操作应用 ……………………………………………… 075

　7.1 任务一　认识焊接机器人 ……………………………………………………… 076
　　7.1.1 点焊机器人 ……………………………………………………………… 080
　　7.1.2 弧焊机器人 ……………………………………………………………… 082
　　7.1.3 激光焊机器人 …………………………………………………………… 083
　7.2 任务二　焊接机器人的作业示教 ……………………………………………… 085
　　7.2.1 点焊作业 ………………………………………………………………… 085
　　7.2.2 熔焊作业 ………………………………………………………………… 087
　本章小结 …………………………………………………………………………… 092
　任务工单 …………………………………………………………………………… 092

项目8　涂装机器人及其操作应用 ……………………………………………… 095

　8.1 任务一　认识涂装机器人 ……………………………………………………… 095
　　8.1.1 涂装机器人的系统组成 ……………………………………………… 097
　　8.1.2 涂装机器人的作业示教 ……………………………………………… 100
　本章小结 …………………………………………………………………………… 102
　任务工单 …………………………………………………………………………… 103

项目9　装配机器人及其操作应用 ……………………………………………… 106

　9.1 任务一　认识装配机器人 ……………………………………………………… 106

目录

   9.1.1　装配机器人的系统组成 ……………………………… 109

   9.1.2　装配机器人的作业示教 ……………………………… 111

9.2 任务二　装配机器人作业 ………………………………… 112

   9.2.1　装配机器人螺栓紧固作业 …………………………… 112

   9.2.2　装配机器人鼠标装配作业 …………………………… 113

本章小结 ………………………………………………………… 114

任务工单 ………………………………………………………… 114

项目10　系列机器人示教 ……………………………………… 117

10.1 任务一　机器人工作站操作 …………………………… 117

   10.1.1　示教器 ……………………………………………… 117

   10.1.2　手动操作 …………………………………………… 125

10.2 任务二　机器人工作站编程 …………………………… 130

   10.2.1　文件管理 …………………………………………… 130

   10.2.2　运行程序 …………………………………………… 135

   10.2.3　状态显示 …………………………………………… 140

10.3 任务三　示教案例 ……………………………………… 140

   10.3.1　点焊机器人 ………………………………………… 140

   10.3.2　搬运机器人 ………………………………………… 141

项目11　系列机器人机械维护 ………………………………… 142

11.1 任务一　安装和运转 …………………………………… 143

   11.1.1　机械系统结构 ……………………………………… 143

   11.1.2　机器人重量 ………………………………………… 143

   11.1.3　机器人性能参数 …………………………………… 145

   11.1.4　机器人工作空间 …………………………………… 146

   11.1.5　机器人安装 ………………………………………… 146

   11.1.6　负载曲线 …………………………………………… 147

   11.1.7　末端法兰安装 ……………………………………… 148

11.2 任务二　校对、调试 …………………………………… 149

目　录

11.2.1　零点校对概述 ･･････････････････････････ 149

11.2.2　零点标定工具 ･･･････････････････････････ 149

11.2.3　零点标定 ･･･････････････････････････････ 149

11.3 任务三　维护 ･････････････････････････････ 151

11.3.1　预防性维护 ･･･････････････････････････ 151

11.3.2　定期维护 ･･･････････････････････････････ 152

11.3.3　机器人润滑 ･･･････････････････････････ 154

11.3.4　J5、J6 轴皮带张紧 ･･･････････････････ 156

11.3.5　维护区域 ･･･････････････････････････････ 156

11.4 任务四　维修 ･････････････････････････････ 157

11.4.1　介绍 ･･･････････････････････････････････ 157

11.4.2　各种常见问题 ･･･････････････････････････ 157

11.4.3　各部件重量 ･･･････････････････････････ 158

11.4.4　更换部件 ･･･････････････････････････････ 159

11.4.5　废弃 ･･･････････････････････････････････ 164

11.4.6　涉及标准 ･･･････････････････････････････ 164

附录 ･･･ 165

参考文献 ･･･････････････････････････････････････ 166

项目 1　认识工业机器人

章节目录

1.1 任务一　工业机器人的发展

    1.1.1　什么是工业机器人

    1.1.2　为何发展工业机器人

    1.1.3　工业机器人的发展概况

1.2 任务二　工业机器人的分类及应用

    1.2.1　工业机器人的分类

    1.2.2　工业机器人的应用

学习目标

掌握工业机器人的定义；

了解工业机器人的发展历程；

熟悉工业机器人的常见分类及其行业应用。

导入案例

富士康"百万机器人"上岗折射中国制造业升级

2011 年，富士康 CEO 郭台铭表示，希望到 2012 年年底装配 30 万台机器人，到 2014 年装配 100 万台，要在 5 到 10 年内通过自动化消除简单重复性的工序。机器人的投产使用，可将目前的人力资源转移到具备更高附加值的岗位上，这也符合将我国"人口红利"转为"人才红利"的目标。这一工业机器人的井喷潮涌，何时会蔓延到"中国制造"的每一个工厂、每一条生产线、每一个工序、每一个工位上，将为"中国制造"的转型提"智"做出何等贡献？我们对此充满期待。

课堂认知

1.1 任务一　工业机器人的发展

1.1.1　什么是工业机器人

什么是机器人涉及人的概念，成为一个难以回答的哲学问题。世界上对机器人还没有一个统一、严格、准确的定义，不同国家、不同研究领域给出的定义不尽相同。美国机器人协会认为，机器人是一种用于移动各种材料、零件、工具或专用装置的，通过程序动作来执行种种任务的，并具有编程能力的多功能操作机。日本工业机器人协会认为，工业机器人是一种带有存储器件和末端操作器的通用机械，它能够通过自动化的动作替代人类劳动。中国科学家认为，机器人是一种自动化的机器，所不同的是这种机器具备一些与人或者生物相似的智能能力，如感知能力、规划能力、动作能力和协同能力，是一种具有高度灵活性的自动化机器。ISO 给出的定义是，机器人是一种能自动控制，可重复编程，多功能、多自由度的操作机，能搬运材料、工件或操持工具来完成各种作业。

广义地说，工业机器人是一种在计算机控制下的可编程的自动机器。它具有四个基本特征：

（1）特定的机械机构；

（2）通用性；

（3）不同程度的智能；

（4）独立性。

1.1.2　为何发展工业机器人

让机器人替人类干那些人类不愿干、干不了、干不好的工作。ABB 给出十大投资机器人的理由：第一，降低运营成本；第二，提升产品质量与一致性；第三，改善员工的工作环境；第四，扩大产能；第五，增强生产的柔性；第六，减少原料浪费，提高成品率；第七，满足安全法规，改善生产安全条件；第八，减少人员流动，缓解招聘技术工人的压力；第九，降低投资成本，提高生产效率；第十，节约宝贵的生产空间。机器人与人工的年均成本比较如图 1-1 所示。

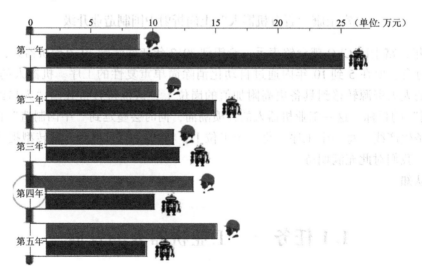

图 1-1　机器人与人工的年均成本比较

1.1.3　工业机器人的发展概况

1959 年，美国造出了世界上第一台工业机器人 Unimate，如图 1-2 所示，Unimate 可实现回转、伸缩、俯仰等动作。2005 年，YASKAWA 推出可代替人完成组装、搬运的机器人 MOTOMAN – DA20 和 MOTOMAN – IA20，如图 1 – 3 所示。2010 年意大利柯马（CO-MAU）推出 SMART5 PAL 机器人，如图 1 – 4 所示，可实现装载／卸载，多产品拾取、堆垛等功能。

图 1 – 2　第一台工业机器人 Unimate

图 1 – 3　MOTOMAN 机器人

图 1 – 4　SMART5 PAL 机器人

　　KUKA 公司推出 KR 5 arc HW（Hollow Wrist）机器人，如图 1 – 5 所示，其机械臂和机械手上有一个 50 mm 宽的通孔，可以保护机械臂上的整套保护气体软管的敷设。

　　FANUC 推出的 Robot M – 3iA 装配机器人，如图 1 – 6 所示，采用四轴或六轴模式，具有独特的平行连接结构，具备轻巧便携的特点，承重范围可达 6 kg。

　　国际工业机器人技术日趋成熟，基本沿着两个路径发展：一是模仿人的手臂，实现多维运动功能，典型应用为点焊、弧焊机器人；二是模仿人的下肢运动，实现物料输送、传递等搬运功能，如搬运机器人。

　　机器人研发水平最高的是日本、美国与欧洲，他们在发展工业机器人方面各有千秋：

　　日本模式——各司其职，分层面完成交钥匙工程。

　　欧洲模式——一揽子交钥匙工程。

图 1-5　KR 5 arc HW 机器人

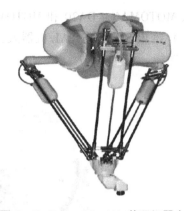

图 1-6　Robot M-3iA 装配机器人

美国模式——采购与成套设计相结合。

国产机器人与进口机器人尚存一定差距，具体现状如下：

（1）低端技术水平有待改善。

（2）产业链条亟待充实与规范。

1.2 任务二　工业机器人的分类及应用

1.2.1　工业机器人的分类

关于工业机器人分类，国际上没有制订统一的标准，可按负载重量、控制方式、自由度、结构、应用领域等划分。

1. 按机器人的技术等级划分

（1）如图 1-7、图 1-8 所示，示教再现机器人（即第一代工业机器人）能够按照人类预先示教的轨迹、行为、顺序和速度重复作业，示教可由操作员手把手进行或通过示教器完成。

图 1-7　机器人示教

图1-8　机器人示教

（2）感知机器人（即第二代工业机器人）具有环境感知装置，能在一定程度上适应环境的变化，目前已经进入应用阶段。图1-9所示为配备视觉系统的工业机器人。

（3）智能机器人（第三代工业机器人）具有发现问题，并且能自主地解决问题的能力，尚处于实验研究阶段。

2．按机器人的机构特征划分

按工业机器人的结构特征划分，可分为以下几类。

（1）直角坐标系机器人：直角坐标系机器人具有空间上相互垂直的多个直线移动轴，通过直角坐标方向的3个独立自由度确定其手部的空间位置，其动作空间为一长方体，如图1-10所示。

（2）柱面坐标系机器人：如图1-11所示，柱面坐标系机器人主要由旋转基座、垂直移动轴和水平移动轴构成，具有一个回转和两个平移自由度，其动作空间呈圆柱形。

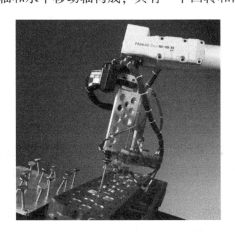

图1-9　配备视觉系统的工业机器人

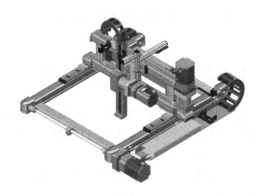

图1-10　直角坐标系机器人

（3）球面坐标系机器人：如图1-12所示，球面坐标系机器人的空间位置分别由旋转、摆动和平移3个自由度确定，动作空间形成球面。

（4）垂直多关节坐标系机器人：如图1-13所示，垂直多关节机器人模拟人手臂的功能，由垂直于地面的腰部旋转轴、带动小臂旋转的肘部旋转轴以及小臂前端的手腕等组成，手腕通常有2～3个自由度，其动作空间近似一个球体。

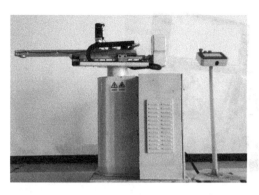

图 1－11　柱面坐标系机器人　　　　　　　　图 1－12　球面坐标系机器人

（5）水平多关节坐标系机器人：如图 1－14 所示，水平多关节坐标系机器人在结构上具有串联配置的两个能够在水平面内旋转的手臂，自由度可依据用途选择 2～4 个，动作空间为一圆柱体。

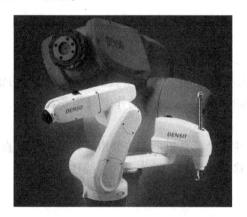

图 1－13　垂直多关节坐标系机器人

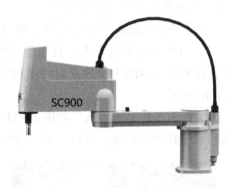

图 1－14　水平多关节坐标系机器人

1.2.2　工业机器人的应用

按作业任务将工业机器人分为搬运、码垛、焊接、涂装、装配机器人。机器人搬运被广泛应用于机床上下料、冲压机自动化生产线、自动装配流水线、码垛、集装箱等的自动搬运领域，如图 1－15 所示。

码垛机器人被广泛应用于化工、饮料、食品、啤酒、塑料等生产企业，对纸箱、袋装、罐装、啤酒箱、瓶装等各种形状的包装成品都适用，如图 1－16 所示。

焊接机器人最早被应用在装配生产线上，开拓了一种柔性自动化生产方式，实现了在一条焊接机器人生产线上同时自动生产若干种焊件，如图 1－17 所示。

涂装机器人被广泛应用于汽车、汽车零配件、铁路、家电、建材、机械等行业，如图 1－18 所示。

装配机器人被广泛应用于各种电器制造行业及流水线产品的组装作业，具有高效、精确、不间断工作的特点，如图 1－19 所示。

图 1 - 15　工业机器人自动搬运

图 1 - 16　工业机器人码垛

图 1 - 17　工业机器人焊接

图 1 - 18　工业机器人涂装

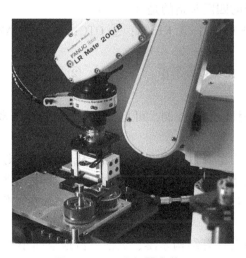

图 1 - 19　工业机器人装配

本 章 小 结

工业机器人是一种能自动定位控制并可重新编程予以变动的多功能机器。它有多个自由度，可用来搬运材料、零件和握持工具，以完成各种不同的作业。

工业机器人的发展过程可分为三代：第一代为示教—再现型机器人，它可以按照预先设定的程序，自主完成规定动作或操作，当前工业中应用最多；第二代为感知型机器人，如有力觉、触觉和视觉等，它具有对某些外界信息进行反馈调整的能力，目前已进入应用阶段；第三代为智能机器人，其尚处于实验研究阶段。

任 务 工 单

1. 填空题

(1) 国际工业机器人技术日趋成熟，基本沿着两个路径发展：一是模仿人的 _____，实现多维运动，在应用上比较典型的是点焊、弧焊机器人；二是模仿人的 _____，实现物料输送、传递等搬运功能，例如搬运机器人。

(2) 按照机器人的技术发展水平，可以将工业机器人分为三代：_____机器人、_____机器人和_____机器人。

(3) 目前在我国应用的工业机器人主要分 _____、_____和国产三种。

2. 选择题

(1) 工业机器人一般具有的基本特征是（　　）。

① 拟人性；② 特定的机械机构；③ 不同程度的智能；④ 独立性；⑤ 通用性

A. ①②③④　　　　　B. ①②③⑤　　　　　C. ①③④⑤　　　　　D. ②③④⑤

(2) 按基本动作机构，工业机器人通常可分为（　　）。

① 直角坐标系机器人；② 柱面坐标系机器人；③ 球面坐标系机器人；④ 多关节坐标系机器人

A. ①②　　　　　　　B. ①②③　　　　　　C. ①③　　　　　　　D. ①②③④

(3) 机器人行业所说的四巨头指的是（　　）。

① PANASONIC；② FANUC；③ KUKA；④ OTC；⑤ YASKAWA；⑥ FANUC；⑦NACHI；⑧ABB

A. ①②③④　　　　　B. ①②③⑧　　　　　C. ②③⑤⑧　　　　　D. ①③⑤⑧

3. 判断题

(1) 工业机器人是一种能自动控制，可重复编程，多功能、多自由度的操作机。

（　　　）

(2) 发展工业机器人的主要目的是在不违背"机器人三原则"前提下，用机器人协助或替代人类从事一些不适合人类甚至超越人类能力的工作，把人类从大量的、烦琐的、重复的、危险的岗位中解放出来，实现生产自动化、柔性化，避免工伤事故和提高生产效率。

（　　　）

(3) 直角坐标系机器人具有结构紧凑、灵活、占地空间小等优点，是目前工业机器人大多采用的结构形式。

（　　　）

项目 2　工业机器人的机械结构和运动控制

章节目录

2.1 任务一　工业机器人的系统组成

　　2.1.1　操作机

　　2.1.2　控制器

　　2.1.3　示教器

　　2.1.4　技术指标

2.2 任务二　工业机器人的运动控制

　　2.2.1　机器人运动学问题

　　2.2.2　机器人的点位运动和连续路径运动

　　2.2.3　机器人的位置控制

　　2.2.4　运动控制电动机及驱动

课前回顾

何为工业机器人？

工业机器人具有几个显著特点？分别是什么？

工业机器人的常见分类有哪些？简述其行业应用。

学习目标

　　认知目标：

熟悉工业机器人的常见技术指标；

掌握工业机器人的机构组成及各部分的功能；

了解工业机器人的运动控制。

　　能力目标：

能够正确识别工业机器人的基本组成；

能够正确判别工业机器人的点位运动和连续路径运动。

导入案例

国产机器人竞争力缺失，关键技术是瓶颈：众所周知，中国机器人产业由于先天因素，在单体与核心零部件方面仍然落后于日、美、韩等发达国家。虽然中国机器人产业经过30年的发展，形成了较为完善的产业基础，但与发达国家相比，仍存在较大差距，产业基础依然薄弱，关键零部件严重依赖进口。整个机器人产业链主要分为上游核心零部件（主要是机器人三大核心零部件——伺服电动机、减速器和控制系统，相当于机器人的"大脑"）、中游机器人本体（机器人的"身体"）和下游系统集成商（国内95%的企业都集中在这个环节上）三个层面。

课堂认知

2.1 任务一 工业机器人的系统组成

第一代工业机器人主要由以下几部分组成：操作机、控制器和示教器。第二代及第三代工业机器人还包括感知系统和分析决策系统，它们分别由传感器及软件实现，如图2-1所示。

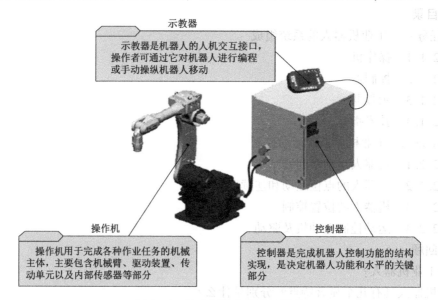

示教器

示教器是机器人的人机交互接口，操作者可通过它对机器人进行编程或手动操纵机器人移动

操作机

操作机用于完成各种作业任务的机械主体，主要包含机械臂、驱动装置、传动单元以及内部传感器等部分

控制器

控制器是完成机器人控制功能的结构实现，是决定机器人功能和水平的关键部分

图2-1 工业机器人的系统组成

2.1.1 操作机

操作机（或称机器人本体）是工业机器人的机械主体，是用来完成各种作业的执行机构。它主要由机械臂、驱动装置、传动单元及内部传感器等部分组成，如图2-2所示。

机器人操作机最后一个轴的机械接口通常为一连接法兰，可接装不同的机械操作装置，如夹紧爪、吸盘、焊枪等，如图2-3所示。

1. 机械臂

关节型工业机器人的机械臂是由关节连在一起的许多机械连杆的集合体。实质上是一个模拟人手臂的空间开链式机构，一端固定在基座上，另一端可自由运动，由关节—连杆结构所构成的机械臂大体可分为基座、腰部、臂部（大臂和小臂）和手腕4部分。

（1）基座：是机器人的基础部分，起支撑作用。

（2）腰部：是机器人手臂的支撑部分。

（3）手臂：是连接机身和手腕的部分，是执行结构中的主要运动部件，亦称主轴，主要用于改变手腕和末端执行器的空间位置。

（4）手腕：是连接末端执行器和手臂的部分，亦称次轴，主要用于改变末端执行器的空间姿态。

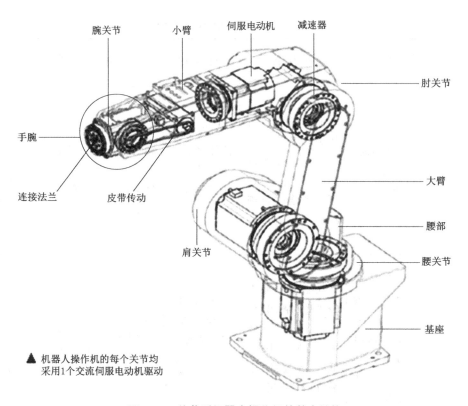

▲ 机器人操作机的每个关节均
采用1个交流伺服电动机驱动

图2-2 关节型机器人操作机的基本结构

(a) (b)

图2-3 常见机器人末端机械操作装置

(a) 夹紧爪；(b) 吸盘

2. 驱动装置

驱动装置是驱使工业机器人机械臂运动的机构。它按照控制系统发出的指令信号，借助于动力元件使机器人产生动作，相当于人的肌肉、筋络。

机器人常用的驱动方式主要有液压驱动、气压驱动和电气驱动三种基本类型。目前，除个别运动精度不高、重负载或有防爆要求的机器人采用液压、气压驱动外，工业机器人大多采用电气驱动，而其中属交流伺服电动机应用最广，且驱动器布置大都采用一个关节一个驱动器的方式。三种驱动方式特点比较见表2-1。

表 2 – 1　三种驱动方式特点比较

驱动方式＼特点	输出力	控制性能	维修使用	结构体积	使用范围	制造成本
液压驱动	压力高，可获得大的输出力	油液不可压缩，压力、流量均容易控制，可无级调速，反应灵敏，可实现连续轨迹控制	维修方便，液体对温度变化敏感，油液泄漏易着火	在输出力相同的情况下，体积比气压驱动方式小	中、小型及重型机器人	液压元件成本较高，油路比较复杂
气压驱动	气体压力低，输出力较小，如需输出力大，其结构尺寸过大	可高速，冲击较严重，精确定位困难。气体压缩性大，阻尼效果差，低速不易控制，不易与CPU连接	维修简单，能在高温、粉尘等恶劣环境中使用，泄漏无影响	体积较大	中、小型机器人	结构简单，能源方便，成本低
电气驱动	输出力较小或较大	容易与CPU连接，控制性能好，响应快，可精确定位，但控制系统复杂	维修使用较复杂	需要减速装置，体积较小	高性能、对运动轨迹要求严格	成本较高

3. 传动单元

目前工业机器人广泛采用的机械传动单元是减速器，应用在关节型机器人上的减速器主要有两类：RV 减速器和谐波减速器，如图 2 – 4 所示。一般将 RV 减速器放置在基座、腰部、大臂等重负载的位置（主要用于 20 kg 以上的机器人关节）；将谐波减速器放置在小臂、腕部或手部等轻负载的位置（主要用于 20 kg 以下的机器关节）。此外，机器人还采用齿轮传动、链条（带）传动、直线运动单元等。

（1）谐波减速器。

通常由 3 个基本构件组成，包括一个有内齿的刚轮，一个工作时可产生径向弹性变形并带有外齿的柔轮和一个装在柔轮内部、呈椭圆形、外圈带有柔性滚动轴承的波形发生器，在这 3 个基本结构中可任意固定一个，其余一个为主动件一个为从动件，如图 2 – 5 所示。

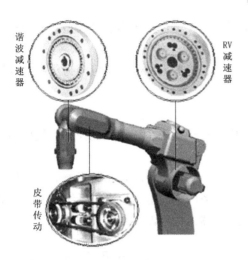

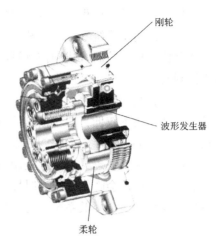

图2-4 机器人关节传动单元　　　　　　　图2-5 谐波减速器结构图

（2）RV减速器。

RV减速器主要由太阳轮（中心轮）、行星轮、转臂（曲柄轴）、转臂轴承、摆线轮（RV齿轮）、针齿、刚性盘与输出盘等零部件组成。具有较高的疲劳强度和刚度以及较长的寿命，回差精度稳定，高精度机器人传动多采用RV减速器。RV减速器原理图如图2-6所示。

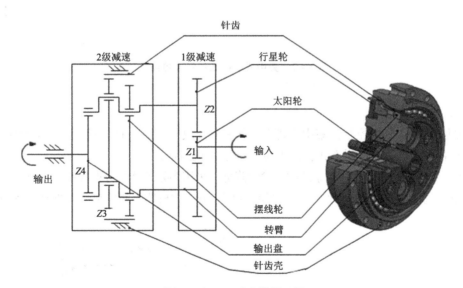

图2-6 RV减速器原理图

2.1.2 控制器

机器人控制器是根据指令以及传感信息控制机器人完成一定动作或作业任务的装置，是决定机器人功能和性能的主要因素，也是机器人系统中更新和发展最快的部分，其基本功能有：示教功能、记忆功能、位置伺服功能、坐标设定功能、与外围设备联系功能、传感器接口、故障诊断安全保护功能等。

依据控制系统的开放程度，可将机器人控制器分为 3 类：封闭型、开放型和混合型。目前基本上都是封闭型系统（如日系机器人）或混合型系统（如欧系机器人）。

按计算机结构、控制方式和控制算法的处理方法，机器人控制器又可分为集中式控制和分布式控制两种方式。

1. 集中式控制器

优点：硬件成本较低，便于信息的采集和分析，易于实现系统的最优控制，整体性与协调性较好，基于 PC 的系统硬件扩展较为方便。

缺点：系统控制缺乏灵活性，控制危险容易集中，一旦出现故障，其影响面广，后果严重；大量数据计算，会降低系统实时性，系统对多任务的响应能力也会与系统的实时性相冲突；系统连线复杂，会降低系统的可靠性。集中式机器人的控制器结构如图 2-7 所示。

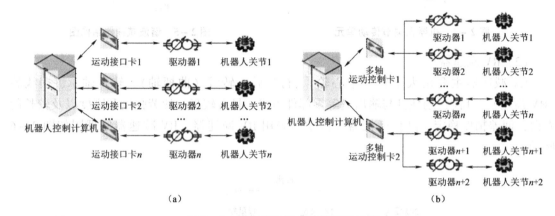

图 2-7　集中式机器人的控制器结构

（a）单独接口卡驱动；（b）多轴运动控制卡驱动

2. 分布式控制器

主要思想为"分散控制，集中管理"，为一个开放、实时、精确的机器人控制系统。分布式系统中常采用两级控制方式，由上位机和下位机组成。

优点：系统灵活性好，控制系统的危险性降低，采用多处理器的分散控制，有利于系统功能的并行执行，提高系统的处理效率，缩短响应时间。分布式机器人的控制结构如图 2-8 所示。

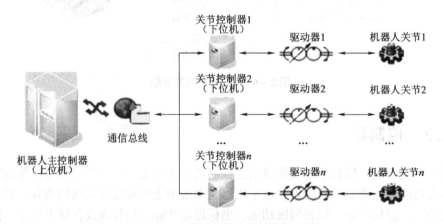

图 2-8　分布式机器人的控制器结构

2.1.3　示教器

示教器亦称示教编程器或示教盒，主要由液晶屏幕和操作按键组成。可由操作者手持移动。它是机器人的人机交互接口，机器人的所有操作基本上都是通过它来完成的。示教器实质上就是一个专用的智能终端。示教器示教时的数据流关系如图2-9所示。

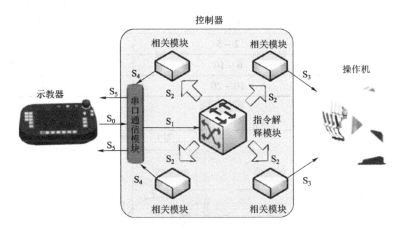

图2-9　示教器示教时的数据流关系

2.1.4　技术指标

机器人的技术指标反映机器人的适用范围和工作性能。一般都有：自由度、工作空间、额定负载、最大工作速度和工作精度等。

自由度是指物体能够对坐标系进行独立运动的数目，末端执行器的动作不包括在内。通常作为机器人的技术指标，反映机器人动作的灵活性，可用轴的直线移动、摆动或旋转动作的数目来表示，目前，焊接和涂装作业机器人多为6或7自由度，而搬运、码垛和装配机器人多为4~6自由度。

额定负载也称持重，指正常操作条件下，作用于机器人手腕末端，不会使机器人性能降低的最大载荷。目前，使用的工业机器人负载范围可从0.5 kg直至800 kg。

工作精度机器人的工作精度主要指定位精度和重复定位精度。定位精度（也称绝对精度）是指机器人末端执行器实际到达位置与目标位置之间的差异。重复定位精度（简称重复精度）是指机器人重复定位其末端执行器于同一目标位置的能力，目前，工业机器人的重复精度为-0.5~-0.01 mm或0.01~0.5 mm。依据作业任务和末端持重不同，机器人重复精度亦不同。工业机器人典型行业应用的工作精度见表2-2。

工作空间也称工作范围、工作行程。工业机器人执行任务时，其手腕参考点所能掠过的空间，常用图形表示。目前，单体工业机器人本体的工作范围可达3.5 m左右。

最大工作速度是指在各轴联动情况下，机器人手腕中心所能达到的最大线速度，这在生产中是影响生产效率的重要指标。不同本体结构YASKAWA机器人工作范围如图2-10~图2-12所示。

表 2 – 2　工业机器人典型行业应用的工作精度

作业任务	额定负载/kg	重复定位精度/mm
搬运	5 ~ 200	± (0.2 ~ 0.5)
码垛	50 ~ 800	± 0.5
点焊	50 ~ 350	± (0.2 ~ 0.3)
弧焊	3 ~ 20	± (0.08 ~ 0.1)
喷涂	5 ~ 20	± (0.2 ~ 0.5)
装配	2 ~ 5	± (0.02 ~ 0.03)
	6 ~ 10	± (0.06 ~ 0.08)
	10 ~ 20	± (0.06 ~ 0.1)

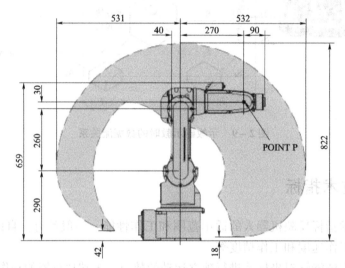

图 2 – 10　垂直串联多关节机器 MOTOMAN MH3F

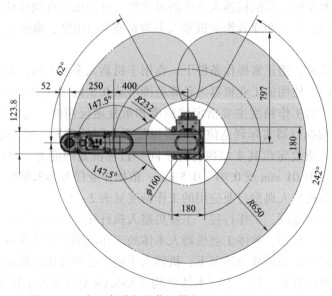

图 2 – 11　水平串联多关节机器人 MOTOMAN MPP3S

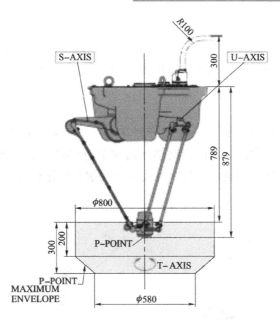

图 2-12　并联多关节机器人 MOTOMAN MYS650L

2.2 任务二　工业机器人的运动控制

2.2.1　机器人运动学问题

如图 2-13 所示，工业机器人操作机可被看作是一个开链式多连杆机构，始端连杆就是机器人的基座，末端连杆与工具相连，相邻连杆之间用一个关节（轴）连接在一起。对于一个 6 自由度工业机器人，它由 6 个连杆和 6 个关节（轴）组成。编号时，基座称为连杆 0，不包含在这 6 个连杆内，连杆 1 与基座由关节 1 相连，连杆 2 通过关节 2 与连杆 1 相连，以此类推。

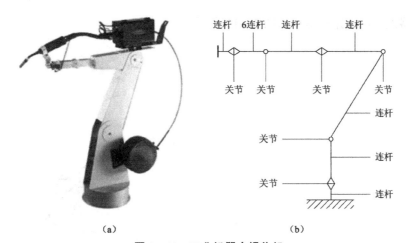

（a）　　　　　　　　　　　（b）

图 2-13　工业机器人操作机

（a）实物图；（b）机构简图

1. 运动学正问题

对给定的机器人操作机，已知各关节角矢量，求末端执行器相对于参考坐标系的位姿，称之为正向运动学（运动学正解或 Where 问题），机器人示教时，机器人控制器即逐点进行运动学正解运算，如图 2 – 14 所示。

2. 运动学逆问题

对给定的机器人操作机，已知末端执行器在参考坐标系中的初始位姿和目标（期望）位姿，求各关节角矢量，称之为逆向运动学（运动学逆解或 How 问题），机器人再现时，机器人控制器即逐点进行运动学逆解运算，并将矢量分解到操作机各关节，如图 2 – 15 所示。

图 2 – 14　运动学正问题（示教）

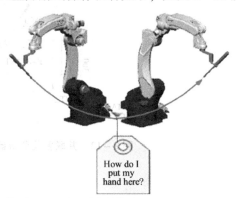

图 2 – 15　运动学逆问题（再现）

2.2.2　机器人的点位运动和连续路径运动

（1）点位运动（Point to Point, PTP）。PTP 运动只关心机器人末端执行器运动的起点和目标点位姿，不关心这两点之间的运动轨迹，如图 2 – 16 所示。

（2）连续路径运动（Continuous Path, CP）。CP 运动不仅关心机器人末端执行器达到目标点的精度，而且必须保证机器人能沿所期望的轨迹在一定精度范围内重复运动，如图 2 – 17 所示。

工业机器人的连续路径运动如图 2 – 17 所示。

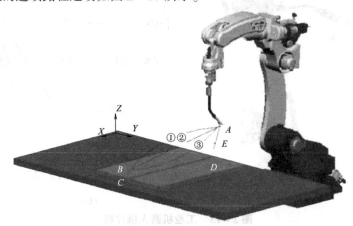

图 2 – 16　工业机器人 PTP 运动和 CP 运动

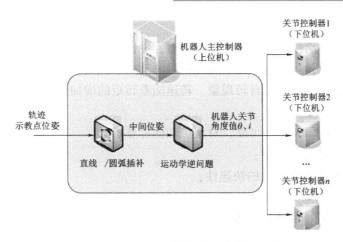

图2-17　工业机器人的连续路径运动

机器人CP运动的实现是以点到点运动为基础，通过在相邻两点之间采用满足精度要求的直线或圆弧轨迹插补运算即可实现轨迹的连续化。机器人再现时，主控制器（上位机）从存储器中逐点取出各示教点空间位姿坐标值，通过对其进行直线或圆弧或插补运算，生成相应路径规划，然后把各插补点的位姿坐标值通过运动学逆解运算转换成关节角度值，分送机器人各关节或关节控制器（下位机）。

2.2.3　机器人的位置控制

如图2-18所示，实现机器人的位置控制是工业机器人的基本控制任务。关节控制器（下位机）是执行计算机，负责伺服电动机的闭环控制及实现所有关节的动作协调。

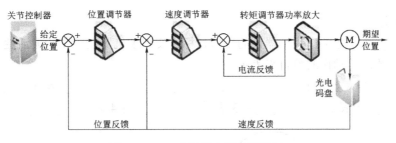

图2-18　工业机器人的位置控制

2.2.4　运动控制电动机及驱动

机器人的核心技术是运动控制技术，目前工业机器人采用的电气驱动主要有步进电动机和伺服电动机两类。

1. **步进电动机系统**

步进电动机是一种将电脉冲信号转变为角位移或线位移的开环控制精密驱动元件，分为反应式步进电动机、永磁式步进电动机和混合式步进电动机三种，其中混合式步进电动机的应用最为广泛，是一种精度高、控制简单、成本低廉的驱动方案。

2. 伺服电动机系统

伺服电动机，在自动控制系统中，用作执行元件，把所收到的电信号转换成电动机轴上的角位移或角速度输出，可分为直流和交流伺服电动机两大类。

特点：当信号电压为零时无自转现象，转速随着转矩的增加而匀速下降。

优点：

（1）无电刷和换向器，工作可靠，对维护和保养要求低；

（2）定子绕组散热比较方便；

（3）惯量小，易于提高系统的快速性；

（4）适应高速大力矩工作状态；

（5）同功率下有较小的体积和重量。

本 章 小 结

工业机器人的机械结构部分称为操作机。通常用自由度、工作空间、额定负载、定位精度、重复定位精度和最大工作速度等技术指标来表征工业机器人操作机的性能。

工业机器人通常由操作机、控制器和示教器三部分组成。操作机是机器人赖以完成各种作业的主体部分，一般由机械臂、驱动—传动装置以及内部传感器等组成。控制器是完成机器人控制功能的结构实现，一般由控制计算机和伺服控制器组成。示教器是机器人的人机交互接口，主要由显示屏和按键组成。

工业机器人的运动控制是指工业机器人的末端执行器从一点移动到另一点的过程中，常采用点位（PTP）控制和连续路径（CP）控制两种方式。

任 务 工 单

1. 填空题

（1）_____通常作为机器人的技术指标，反映了机器人动作的灵活性，可用轴的直线移动、摆动或旋转动作的数目来表示。

（2）工业机器人主要由 _____、_____和 _____组成。题（2）图中1表示_____；2表示 _____；3表示 _____；4表示_____。

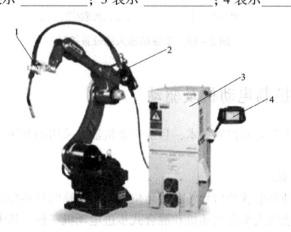

题（2）图

（3）工业机器人的运动控制主要是实现 _____ 和 _____ 两种。当机器人进行 _____ 运动控制时，末端执行器既要保证运动的起点和目标点位姿，又必须保证机器人能沿所期望的轨迹在一定精度范围内运动。

（4）对给定的机器人操作机，已知各关节角矢量，求末端执行器相对于参考坐标系的位姿，称之为 _____ 运动学。

2. 选择题

（1）操作机是工业机器人的机械主体，是用于完成各种作业的执行机构。它主要由哪几部分组成？（　　　）

① 机械臂；② 驱动装置；③ 传动单元；④ 内部传感器

A. ①②　　　　　　B. ①②③　　　　　　C. ①③　　　　　　D. ①②③④

（2）示教器也称示教编程器或示教盒，主要由液晶屏幕和操作按键组成，可由操作者手持移动。它是机器人的人机交互接口，试问以下哪些机器人的操作可通过示教器来完成？

（　　　）

① 点动机器人；② 编写、测试和运行机器人程序；③ 设定机器人参数；④ 查阅机器人状态

A. ①②　　　　　　B. ①②③　　　　　　C. ①③　　　　　　D. ①②③④

3. 判断题

（1）机器人手臂是连接机身和手腕的部分。它是执行结构中的主要运动部件，主要用于改变手腕和末端执行器的空间位置，满足机器人的作业空间，并将各种载荷传递到机座。

（　　　）

（2）除个别运动精度不高、重负载或有防爆要求的机器人采用液压、气压驱动外，工业机器人目前大多采用交流伺服电动机驱动。　　　　　　　　　　　　（　　　）

（3）工业机器人的腕部传动多采用 RV 减速器，臂部则采用谐波减速器。　　　（　　　）

项目3 手动操纵工业机器人

章节目录

3.1 任务一 认识机器人运动轴与坐标系
    3.1.1 机器人运动轴的名称
    3.1.2 机器人坐标系的种类
3.2 任务二 认识和使用示教器
    3.2.1 示教和手动机器人
    3.2.2 再现和生产运行
3.3 任务三 手动移动机器人
    3.3.1 移动方式
    3.3.2 典型坐标系下的手动操作

课前回顾

工业机器人主要由哪几部分组成?
如何判别工业机器人的点位运动和连续路径运动?

学习目标

    认知目标:
了解工业机器人的安全操作规程;
熟悉示教器的按键及使用功能;
掌握机器人运动轴与坐标系;
掌握手动移动机器人的流程和方法。

    能力目标:
能够熟练进行机器人坐标系和运动轴的选择;
能够使用示教器熟练操作机器人实现点动和连续移动。

导入案例

Universal Robots 公司推出革命性的新型工业机器人

    UR5 机器人自重很轻(仅 18.4 kg),可以方便地在生产场地移动,而且不需要烦琐的安装与设置就可以迅速地融入生产线中,与员工交互合作。编程过程可通过教学编程模式实现,用户可以扶住 UR 机械臂,手动引导机械臂,按所需的路径及移动模式运行机械臂一次,UR 机器人就能自动记住移动路径和模式。机器人通过一套独特的、友好的图形用户界面操作,在触摸屏幕上,有一系列范围广泛的功能让用户选择。在任何重复性的生产过程,都能够使用它并从中受益。

课堂认知

3.1 任务一　认识机器人运动轴与坐标系

3.1.1　机器人运动轴的名称

通常机器人运动轴按其功能可划分为机器人轴、基座轴和工装轴，基座轴和工装轴统称外部轴，如图 3 –1 所示。

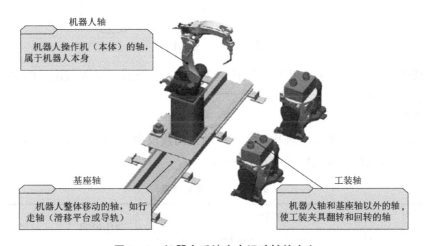

图 3 –1　机器人系统中个运动轴的定义

如图 3 –2 所示，A1、A2 和 A3 三轴（轴 1、轴 2 和 轴 3）称为基本轴或主轴，用以保证末端执行器达到工作空间的任意位置。A4、A5 和 A6 三轴（轴 4、轴 5 和轴 6）称为腕部轴或次轴，用以实现末端执行器的任意空间姿态。

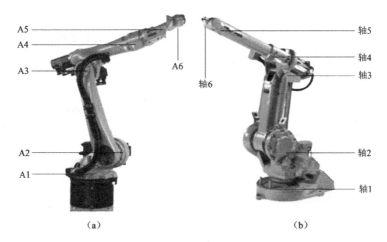

（a）　　　　　　　　　　　　　（b）

图 3 –2　典型机器人操作机各运动轴

（a）KUKA 机器人；（b）ABB 机器人

3.1.2 机器人坐标系的种类

目前，大部分商用工业机器人系统，均可使用关节坐标系、直角坐标系、工具坐标系和用户坐标系，而工具坐标系和用户坐标系同属于直角坐标系范畴，如图3-3所示。

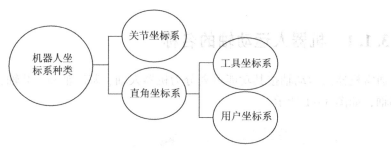

图3-3 坐标系图

TCP为机器人系统控制点，出厂时默认位于最后一个运动轴或安装法兰的中心，安装工具后TCP点将发生改变。

1. 关节坐标系

在关节坐标系下，机器人各轴均可实现单独正向或反向运动。对大范围运动，且不要求TCP姿态的，可选择关节坐标系（见表3-1）。

表3-1 关节坐标系

轴类型	轴名称				动作说明	动作图示
	ABB	FANUC	YASKAWA	KUKA		
主轴（基本轴）	轴1	J1	S轴	A1	本体左右回转	
	轴2	J2	L轴	A2	大臂上下运动	
	轴3	J3	U轴	A3	小臂前后运动	
次轴（腕部轴）	轴4	J4	R轴	A4	手腕回旋运动	
	轴5	J5	B轴	A5	手腕弯曲运动	

续表

轴类型	轴名称				动作说明	动作图示
	ABB	FANUC	YASKAWA	KUKA		
次轴 （腕部轴）	轴6	J6	T 轴	A6	手腕 扭曲运动	

2. 直角坐标系（世界坐标系、大地坐标系）

直角坐标系是机器人示教与编程时经常使用的坐标系之一，原点定义在机器人安装面与第一转动轴的交点处（图3-4），X 轴向前，Z 轴向上，Y 轴按右手法则确定（见表3-2）。

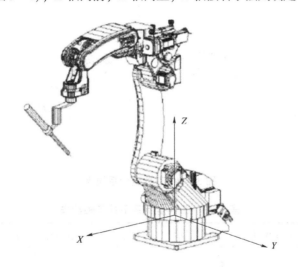

图3-4 直角坐标系原点

表3-2 直角坐标系下的各轴动作

轴类型	轴名称	动作说明	动作图示	轴类型	轴名称	动作说明	动作图示
主轴 （基本轴）	X 轴	沿 X 轴平行移动		次轴 （腕部轴）	U 轴	绕 Z 轴旋转	
	Y 轴	沿 Y 轴平行移动			V 轴	绕 Y 轴旋转	
	Z 轴	沿 Z 轴平行移动			W 轴	绕末端工具所指方向旋转	

3. 工具坐标系

如图 3-5 所示，原点定义在 TCP 点，并且假定工具的有效方向为 X 轴（有些机器人厂商将工具的有效方向定义为 Z 轴），而 Y 轴、Z 轴由右手法则确定，见表 3-3。在进行相对于工件不改变工具姿态的平移操作时选用该坐标系最为适宜。

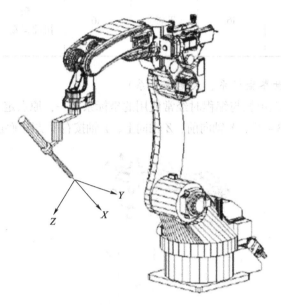

图 3-5　工具坐标系原点

表 3-3　工具坐标系下的各轴动作

轴类型	轴名称	动作说明	动作图示	轴类型	轴名称	动作说明	动作图示
主轴（基本轴）	X 轴	沿 X 轴平行移动		次轴（腕部轴）	R_X 轴	绕 X 轴旋转	
	Y 轴	沿 Y 轴平行移动			R_Y 轴	绕 Y 轴旋转	
	Z 轴	沿 Z 轴平行移动			R_Z 轴	绕 Z 轴旋转	

4. 用户坐标系

可根据需要定义用户坐标系。当机器人配备多个工作台时，选择用户坐标系可使操作更为简单。在用户坐标系中，TCP 点将沿用户自定义的坐标轴方向运动。用户坐标系原点如图 3-6 所示，用户坐标系下的各轴动作见表 3-4。

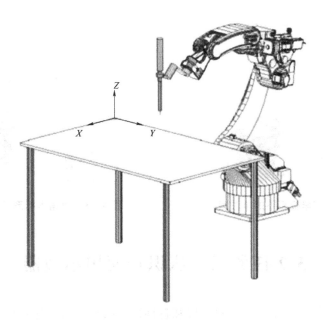

图3-6　用户坐标系原点

表3-4　用户坐标系下的各轴动作

轴类型	轴名称	动作说明	动作图示	轴类型	轴名称	动作说明	动作图示
主轴 （基本轴）	X轴	沿X轴平行移动		次轴 （腕部轴）	R_X轴	绕X轴旋转	
	Y轴	沿Y轴平行移动			R_Y轴	绕Y轴旋转	
	Z轴	沿Z轴平行移动			R_Z轴	绕Z轴旋转	

注意： 不同的机器人坐标系功能等同，即机器人在关节坐标系下完成的动作，同样可在直角坐标系下实现。机器人在关节坐标系下的动作是单轴运动（图3-7），而在直角坐标系下则是多轴联动（图3-8）。除关节坐标系以外，其他坐标系均可实现控制点不变动作（只改变工具姿态而不改变TCP位置）在进行机器人TCP标定时经常用到。

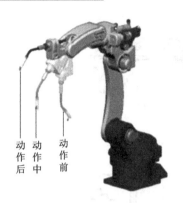

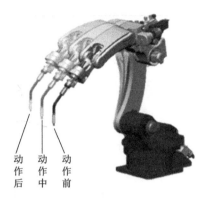

图3-7 关节坐标系下的单轴运动　　　　**图3-8 直角坐标系下的多轴联动**

3.2 任务二　认识和使用示教器

如图3-9所示,示教器主要由显示屏和各种操作按键组成,显示屏主要由4个显示区组成。

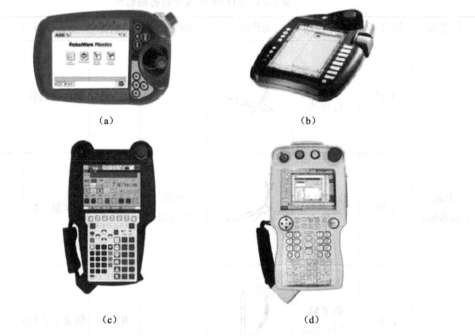

图3-9 工业机器人行业四巨头的最新示教器产品

(a) ABB FlexPendant; (b) KUKA smartPAD; (c) FANUC iPendant; (d) YASKAWA DX100

(1) 菜单显示区。在菜单显示区显示操作屏主菜单和子菜单。

(2) 通用显示区。在通用显示区,可对作业程序、特性文件、各种设定进行显示和编辑。

(3) 状态显示区。显示系统当前状态,如动作坐标系、机器人移动速度等。显示的信息根据控制柜的模式(示教或再现)不同而改变。

（4）人机对话显示区。在机器人示教或自动运行过程中，人机对话显示区显示功能图标以及系统错误信息等。

示教器按键设置主要包括【急停键】【安全开关】【坐标选择键】【轴操作键】／【Jog键】【速度键】【光标键】【功能键】【模式旋钮】等。示教器按键功能表见表 3 – 5。

表 3 – 5 示教器按键功能表

序号	按键名称	按键功能
1	急停键	通过切断伺服电源立刻停止机器人和外部轴操作。 一旦按下，开关保持紧急停止状态；顺时针方向旋转解除紧急停止状态
2	安全开关	在操作时确保操作者的安全。 只有安全开关被按到适中位置，伺服电源才能按通，机器人方可动作。一旦松开或按紧，切断伺服电源，机器人立即停止运动
3	坐标选择键	手动操作时，机器人的动作坐标选择键。 可在关节、直角、工具和用户等常见坐标系中选择。此键每按一次，坐标系变化一次
4	轴操作键/ Jog 键	对机器人各轴进行操作的键。 只有按住轴操作键，机器人才可动作。可以按住两个或更多的键，操作多个轴
5	速度键	手动操作时，用这些键来调整机器人的运动速度
6	光标键	使用这些键在屏幕上按一定的方向移动光标
7	功能键	使用这些键可根据屏幕显示执行指定的功能和操作
8	模式旋钮	选择机器人控制柜的模式（示教模式、再现/自动模式、远程/遥控模式等）

3.2.1 示教和手动机器人

（1）禁止用力摇晃机械臂及在机械臂上悬挂重物。

（2）示教时请勿戴手套。穿戴和使用规定的工作服、安全鞋、安全帽、保护用具等。

（3）未经许可不能擅自进入机器人工作区域。调试人员进入机器人工作区域时，需随身携带示教器，以防他人误操作。

（4）示教前，需仔细确认示教器的安全保护装置是否能够正确工作，如【急停键】【安全开关】等。

（5）在手动操作机器人时要采用较低的倍率速度以增加对机器人的控制机会。

（6）在按下示教器上的【轴操作键】之前要考虑机器人的运动趋势。

（7）要预先考虑好避让机器人的运动轨迹，并确认该路径不受干涉。

（8）在察觉到有危险时，立即按下【急停键】，停止机器人运转。

3.2.2 再现和生产运行

（1）机器人处于自动模式时，严禁进入机器人本体动作范围内。

（2）在运行作业程序前，须知道机器人根据所编程序将要执行的全部任务。

（3）使用由其他系统编制的作业程序时，要先跟踪一遍确认动作，之后再使用该程序。

（4）须知道所有会左右机器人移动的开关、传感器和控制信号的位置和状态。

（5）必须知道机器人控制器和外围控制设备上的【急停键】的位置，准备在紧急情况下按下这些按钮。

（6）永远不要认为机器人没有移动，其程序就已经完成，此时机器人很可能是在等待让它继续移动的输入信号。

3.3 任务三 手动移动机器人

3.3.1 移动方式

1．点动

点动机器人就是点按/微动【轴操作键】来移动机器人手臂的方式。每点按或微动【轴操作键】一次机器人移动一段距离。点动机器人主要用在示教时离目标位置较近的场合。点动机器人示意图如图3－10所示。

2．连续移动

连续移动机器人则是长按/拨动【轴操作键】来移动机器人手臂的方式。连续移动机器人主要用在示教时离目标位置较远的场合。连续移动机器人示意图如图3－11所示。

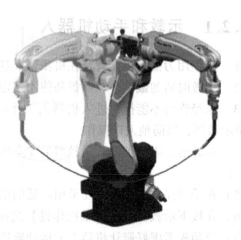

图3－10　点动机器人示意图 　　　　图3－11　连续移动机器人示意图

3.3.2　典型坐标系下的手动操作

1. 关节坐标系

关键步骤：系统上电开机→A 工位机器人手动示教→选择关节坐标系→移机器人到 B 工位/旋转回转机→B 工位机器人手动示教，如图 3 - 12 所示。

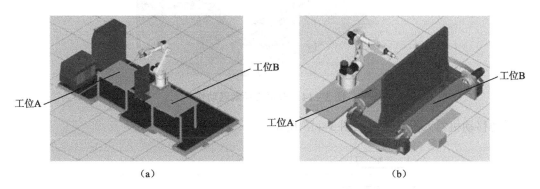

（a）　　　　　　　　　　　　　　　　（b）

图 3 - 12　双工位操作示意图

（a）双工位操作；（b）双工位 + 变位机操作

注意：机器人外部轴的运动控制，只能在关节坐标系下进行。

2. 直角坐标系

关键步骤：系统上电开机→选择关节坐标系→变换末端工具姿态至作业姿态→选择直角坐标系→移动机器人至直线轨迹的开始点→选择直角坐标系的 Y 轴→移动机器人至直线轨迹的结束点，如图 3 - 13 所示。

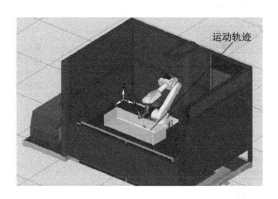

图 3 - 13　机器人直线运动轨迹

3. 工具坐标系

关键步骤：系统上电开机→选择直角坐标系→移动机器人到作业轨迹的结束点→选择工具坐标系的 X 轴→移动机器人到一个安全位置。

注意：若设定工具的有效方向为工具坐标系的 Z 轴，此时末端工具规避动作（图 3 - 14）应选 Z 轴进行操作。手动移动机器人运动，其基本操作流程可归纳为：示教前的准备和手动移动机器人。需要注意的是，手动操作机器人移动时，机器人运动数据将不被保存。

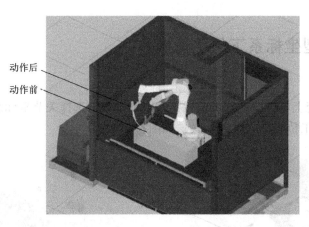

动作后
动作前

图 3 - 14 末端工具规避动作

手动移动机器人操作流程如图 3 - 15 所示。

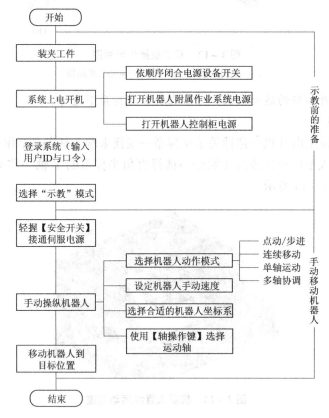

图 3 - 15 手动移动机器人操作流程

扩 展 与 提 高

机器人 TCP（工具中心点）标定如图 3 - 16 所示：工具坐标系的准确度直接影响机器人的轨迹精度。默认工具坐标系的原点位于机器人安装法兰的中心，当接装不同的工具（如焊枪）时，工具需获得一个用户定义的直角坐标系。

目前，机器人工具坐标系的标定方法主要有外部基准法和多点标定法。

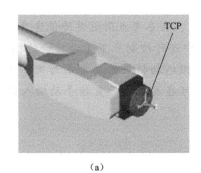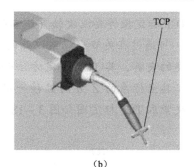

图 3 - 16　机器人工具坐标系的标定

(a) 未 TCP 标定；(b) TCP 标定

1. 外部基准标定法

只需要使工具对准某一测定好的外部基准点，便可完成标定，标定过程快捷简便。但这类标定方法依赖于机器人外部基准。

2. 多点标定法

这类标定包含工具中心点（TCP）位置多点标定和工具坐标系（TCF）姿态多点标定。TCP 位置标定是使几个标定点 TCP 位置重合，从而计算出 TCP，如四点法；TCF 姿态标定是使几个标定点之间具有特殊的方位关系，从而计算出工具坐标系相对于末端关节坐标系的姿态，如五点法、六点法。

TCP 六点法操作步骤：

(1) 在机器人动作范围内找一个精确的固定点作为参考点。

(2) 在工具上确定一个参考点（最好是工具中心点 TCP）。

(3) 移动工具参考点，以四种不同的工具姿态尽可能与固定点刚好碰上。

(4) 机器人控制柜通过前 4 个点的位置数据即可计算出 TCP 的位置，通过后两个点即可确定 TCP 的姿态。

(5) 根据实际情况设定工具的质量和重心位置数据。

TCP 标定过程如图 3 - 17 所示。

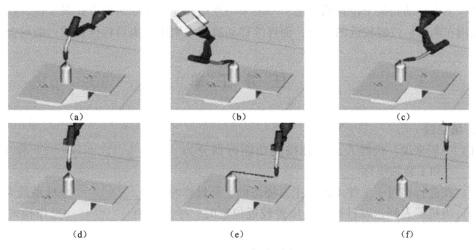

图 3 - 17　TCP 标定过程图

(a) 位置点 1；(b) 位置点 2；(c) 位置点 3；(d) 位置点 4；(e) 位置点 5；(f) 位置点 6

注意：TCP 标定操作要以次轴（腕部轴）为主，在参考点附近要降低速度，以免相撞。标定 TCP 后，可通过在关节坐标系以外的坐标系中进行控制点不变动作检验标定效果。如果使用搬运类的夹具，其 TCP 设定方法如下：以搬运物料袋的夹紧爪为例，其结构对称，重心在默认工具坐标系的 Z 方向偏移一定距离，可在设置页面直接手动输入偏移量数值、质量数据。夹紧爪 TCP 标定图如图 3−18 所示。

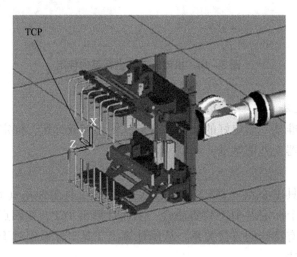

图 3−18　夹紧爪 TCP 标定图

本 章 小 结

通常可将机器人运动轴分为本体轴和外部轴两类。本体轴属于机器人本身，外部轴包括基座轴和工装轴。

目前在大部分商用工业机器人系统中，存在四类可以使用的坐标系：关节坐标系、直角坐标系、工具坐标系和用户坐标系。其中，关节坐标系和直角坐标系在机器人手动操作和作业示教中运用最多。

手动操纵工业机器人是通过手动操控示教器上的机器人运动轴按键将机器人在某一或某几个坐标系下移动到某个位置的方法。一般采用点动和连续移动两种方式来实现。点动机器人主要用在离目标位置较近的场合，而连续移动机器人则用在离目标位置较远的场合。

任 务 工 单

1. 填空题

（1）一般来说，机器人运动轴按其功能可划分为_____、_____和工装轴，_____和工装轴统称_____。

（2）在进行相对于工件不改变工具姿态的平移操作时选用_____坐标系最为适宜。

（3）当机器人到达离目标作业位置较近位置时，尽量采用_____操作模式完成精确定位。

2. 选择题

（1）工业机器人常见的坐标系有（　　　　）。

① 关节坐标系；② 直角坐标系；③ 工具坐标系；④ 用户坐标系

A. ①②　　　　　　　B. ①②③　　　　　　C. ①③④　　　　　　D. ①②③④

（2）示教器显示屏多为彩色触摸显示屏，能够显示图像、数字、字母和符号，并提供一系列图标来定义屏幕上的各种功能，可将屏幕显示区划分为（　　　）。

① 菜单显示区；② 通用显示区；③ 人机对话显示区；④ 状态显示区

A. ①②　　　　　　　B. ①②③　　　　　　C. ①③　　　　　　　D. ①②③④

3. 判断题

（1）在直角坐标系下，机器人各轴可实现单独正向或反向运动。　　　　　　（　　）

（2）机器人在关节坐标系下完成的动作，无法在直角坐标系下实现。　　　　（　　）

（3）当机器人发生故障需要进入安全围栏进行维修时，需要在安全围栏外配备安全监督人员以便在机器人异常运转时能够迅速按下紧急停止按钮。　　　　　　　（　　）

（4）示教时，为爱护示教器，最好戴上手套。　　　　　　　　　　　　　　（　　）

（5）手动操作移动机器人时，机器人运动数据将不被保存。　　　　　　　　（　　）

4. 综合应用题

使用示教器按图3－19所示路径（ $A \to B \to C \to D \to E \to F \to A$ ）移动机器人，简述其操作过程，并填写表3－6（请在相应选项下打"√"）。

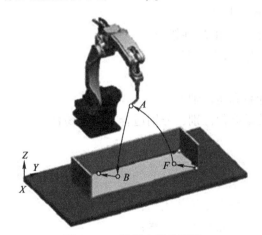

图3－19　机器人移动路径

表3－6　手动移动机器人要领

位置	移动方式		机器人坐标系			
	点动	连续移动	关节	直角	工具	用户
$A \to B$						
$B \to C$						
$C \to D$						
$D \to E$						
$E \to F$						
$F \to A$						

项目 4   工业机器人的作业示教

项目目录

4.1 任务一   工业机器人示教的主要内容

  4.1.1   运动轨迹

  4.1.2   作业条件

  4.1.3   作业顺序

4.2 任务二   工业机器人的简单示教与再现

  4.2.1   在线示教及其特点

  4.2.2   在线示教的基本步骤及其特点

4.3 任务三   工业机器人的离线编程

  4.3.1   离线编程及其特点

  4.3.2   离线编程系统的软件架构

  4.3.3   离线编程的基本步骤

课前回顾

如何选择机器人坐标系和运动轴？

机器人点动与连续移动有何区别，分别适合在哪些场合运用？

学习目标

  认知目标：

掌握工业机器人示教的主要内容；

熟悉机器人在线示教的特点与操作流程；

熟悉机器人离线编程的特点与操作流程；

掌握机器人示教—再现工作原理。

  能力目标：

能够进行工业机器人简单作业在线示教与再现；

能够进行工业机器人离线作业示教与再现。

导入案例

机器人职业前景分析

对于机器人企业来说，他们需要的高端人才，至少应熟悉编程语言和仿真设计，以及神经网络、模糊控制等常用控制算法，能达到指导员工的程度。在此基础上，能依据实际情况自主研究算法。此外，最好还能主导大型机电一体化设备的研发，具备一定的管理能力。而其余调试，对操作员工的要求相应降低。根据职能划分，大概可分为四个工种：

① 工程师助手，主要责任是协助工程师绘制机械图样、电气图样、简单工装夹具设计、

制作工艺卡片、指导工人按照装配图进行组装；

②机器人生产线试产员与操作员；

③机器人总装与调试员；

④高端维修或售后服务人员。

机器人职业岗位如图4-1所示。

图4-1 机器人职业岗位

课堂认知

4.1 任务一 工业机器人示教的主要内容

目前，企业引入的机器人以第一代工业机器人为主，其基本工作原理是"示教—再现"。"示教"也称导引，即由操作者直接或间接导引机器人，一步步按实际作业要求告知机器人应该完成的动作和作业的具体内容，机器人在导引过程中以程序的形式将其记忆下来，并存储在机器人控制装置内。"再现"则是通过存储内容的回放，机器人就能在一定精度范围内按照程序展现所示教的动作和赋予的作业内容。程序是把机器人的作业内容用机器人语言加以描述的文件，用于保存示教操作中产生的示教数据和机器人指令。

机器人完成作业所需的信息包括运动轨迹、作业条件和作业顺序。

4.1.1 运动轨迹

运动轨迹是机器人为完成某一作业时工具中心点（TCP）所掠过的路径，是机器示教的重点。从运动方式上看，工业机器人具有点到点（PTP）运动和连续路径（CP）运动两种形式。按运动路径种类区分，工业机器人具有直线和圆弧两种动作类型。

如图4-2所示，示教时，直线轨迹示教两个程序点（直线起始点和直线结束点）；圆弧轨迹示教3个程序点（圆弧起始点、圆弧中间点和圆弧结束点）。在具体操作过程中，通常

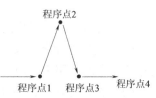

图4-2 机器人运动轨迹

PTP 示教各段运动轨迹端点，而 CP 运动由机器人控制系统的路径规划模块经插补运算产生。

机器人运动轨迹的示教主要是确认程序点的属性。每个程序点主要包含：

位置坐标描述机器人 TCP 的 6 个自由度（3 个平动自由度和 3 个转动自由度）。

插补方式：机器人再现时，从前一程序点移动到当前程序点的动作类型。工业机器人常见插补方式见表 4 – 1。

表 4 – 1　工业机器人常见插补方式

插补方式	动作描述	动作图示
关节插补	机器人在未规定采取何种轨迹移动时，默认采用关节插补方式。出于安全考虑，通常在程序点 1 用关节插补示教	
直线插补	机器人从前一程序点到当前程序点运行一段直线，即直线轨迹仅示教 1 个程序点（直线结束点）即可。直线插补主要用于直线轨迹的作业示教	
圆弧插补	机器人沿着用圆弧插补示数的 3 个程序点执行圆弧转变移动。圆弧插补主要用于圆弧轨迹的作业示教	

再现速度：机器人再现时，从前一程序点移动到当前程序点的速度。

空走点：指从当前程序点移动到下一程序点的整个过程不需要实施作业，用于示教除作业开始点和作业中间点之外的程序点。

作业点：指从当前程序点移动到下一程序点的整个过程需要实施作业，用于作业开始点和作业中间点。

空走点和作业点决定从当前程序点移动到下一程序点是否实施作业。

注意：作业区间的再现速度一般按作业参数中指定的速度移动，而空走区间的移动速度则按移动命令中指定的速度移动；登录程序点时，程序点属性值也将一同被登录。

4.1.2　作业条件

工业机器人作业条件的登录方法，有 3 种形式：

（1）使用作业条件文件。输入作业条件的文件称为作业条件文件。使用这些文件，可使作业命令的应用更简便。

（2）在作业命令的附加项中直接设定。首先需要了解机器人指令的语言形式或程序编辑画面的构成要素。程序语句一般由行标号、命令及附加项几部分组成，如图 4 – 3 所示。

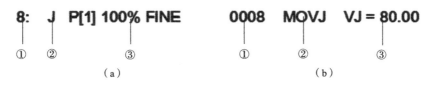

图4-3　程序语句的主要构成要素

（a）FANUC 机器人；（b）YASKAWA 机器人

①行标号；②命令；③附加项

（3）手动设定。在某些应用场合下，有关作业参数的设定需要手动进行。

4.1.3　作业顺序

作业顺序不仅可保证产品质量，而且可提高效率。作业顺序的设置主要涉及：作业对象的工艺顺序在某些简单作业场合，作业顺序的设定同机器人运动轨迹的示教合二为一。机器人与外围周边设备的动作顺序在完整的工业机器人系统中，除机器人本身外，还包括一些周边设备，如变位机、移动滑台、自动工具快换装置等。工业机器人四巨头的机器人移动命令见表4-2。

表4-2　工业机器人四巨头的机器人移动命令

运动形式	移动方式	移动命令			
		ABB	FANUC	YASKAWA	KUKA
点位运动	PTP	MoveJ	J	MOVJ	PTP
连续路径运动	直线	MoveL	L	MOVL	LIN
	圆弧	MoveC	C	MOVC	CIRC

在线示教因简单直观、易于掌握，成为工业机器人目前普遍采用的编程方式。

4.2 任务二　工业机器人的简单示教与再现

4.2.1　在线示教及其特点

由操作人员手持示教器引导，控制机器人运动，记录机器人作业的程序点并插入所需的机器人命令来完成程序的编制。典型的示教过程是依靠操作者观察机器人及其末端夹持工具相对于作业对象的位置，通过对示教器的操作，反复调整程序点处机器人的作业位姿、运动参数和工艺条件，再转入下一程序点的示教。工业机器人的再现示教如图4-4所示。

早期机器人作业编程系统中，亦有一种人工牵引示教（也称直接示教或手把手示教）。即由操作人员牵引装有力—力矩传感器的机器人末端执行器对工件实施作业，机器人实时记录整个示教轨迹与工艺参数，然后根据这些在线参数就能准确再现整个作业过程。

在线示教作业任务编制共同特点：

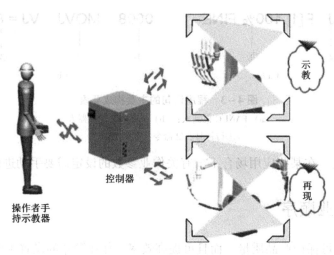

图 4-4 工业机器人的再现示教

（1）利用机器人有较高的重复定位精度优点，降低了系统误差对机器人运动绝对精度的影响。

（2）要求操作者有专业知识和熟练的操作技能，近距离示教操作，有一定的危险性，安全性较差。

（3）示教过程烦琐、费时，需要根据作业任务反复调整末端执行器的位姿，占用了大量时间，时效性较差。

（4）机器人在线示教精度完全靠操作者的经验目测决定，对于复杂运动轨迹难以取得令人满意的示教效果。

（5）机器人示教时关闭与外围设备的联系功能。对需要根据外部信息进行实时决策的应用就显得无能为力。

（6）在柔性制造系统中，这种编程方式无法与 CAD 数据库相连接。

4.2.2 在线示教的基本步骤及其特点

通过在线示教方式为机器人输入从工件 A 点到 B 点的加工程序。机器人运动轨迹如图 4-5 所示。

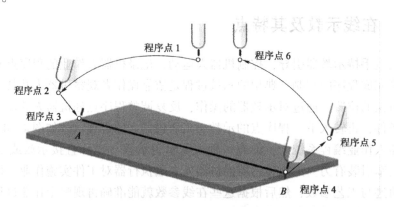

图 4-5 机器人运动轨迹

在线示教基本流程如图4-6所示。

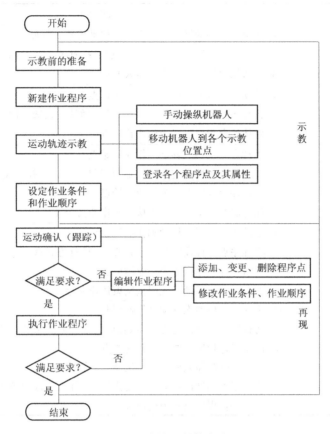

图4-6　在线示教基本流程

▲为提高工作效率，通常将程序点6和程序点1设在同一位置。

程序点说明见表4-3。

表4-3　程序点说明

程序点	说明	程序点	说明	程序点	说明
程序点1	机器人原点	程序点3	作业开始点	程序点5	作业规避点
程序点2	作业临近点	程序点4	作业结束点	程序点6	机器人原点

（1）示教前的准备。

① 工件表面清理。

② 工件装夹。

③ 安全确认。

④ 机器人原点确认。

（2）新建作业程序。

作业程序是用机器人语言描述机器人工作单元的作业内容，主要用于登录示教数据和机器人指令。

（3）运动轨迹示教。

运动轨迹示教方法见表4-4。

表4-4 运动轨迹示教方法

程序点	示教方法
程序点1 （机器人原点）	① 按第3章手动操纵机器人要领移动机器人到原点。 ② 将程序点属性设定为"空走点"，插补方式选"PTP"。 ③ 确认保存程序点1为机器人原点
程序点2 （作业临近点）	① 手动操纵机器人移动到作业临近点。 ② 将程序点属性设定为"空走点"，插补方式选"PTP"。 ③ 确认保存程序点2为作业临近点
程序点3 （作业开始点）	① 手动操纵机器人移动到作业开始点。 ② 将程序点属性设定为"作业点/焊接点"，插补方式选"直线插补"。 ③ 确认保存程序点3为作业开始点。 ④ 如有需要，手动插入焊接开始作业命令
程序点4 （作业结束点）	① 手动操纵机器人移动到作业结束点。 ② 将程序点属性设定为"空走点"，插补方式选"直线插补"。 ③ 确认保存程序点4为作业结束点。 ④ 如有需要，手动插入焊接结束作业命令
程序点5 （作业规避点）	① 手动操纵机器人移动到作业规避点。 ② 将程序点属性设定为"空走点"，插补方式选"直线插补"。 ③ 确认保存程序点5为作业规避点
程序点6 （机器人原点）	① 手动操纵机器人要领移动机器人到原点。 ② 将程序点属性设定为"空走点"，插补方式选"PTP"。 ③ 确认保存程序点6为机器人原点

（4）设定作业条件。

① 在作业开始命令中设定焊接开始规范及焊接开始动作次序；

② 在焊接结束命令中设定焊接结束规范及焊接结束动作次序；

③ 手动调节保护气体流量。

（5）检查试运行。

跟踪的主要目的是检查示教生成的动作以及末端工具指向位置是否已登录。

跟踪方式有两种：单步运转、连续运转，如图4-7所示。

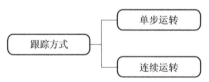

单步运转　通过逐行执行当前行（光标所在行）的程序语句，机器人完成多个程序点的顺向、正向或反向移动。结束1行的执行后，机器人动作暂停。

连续运转　通过连续执行作业程序，从程序的当前行到程序的末尾，机器人完成多个程序点的顺向连续移动。程序为"顺序执行"，所以仅能实现正向跟踪，多用于作业周期估计

图4-7 跟踪方式

确认机器人附近无人后，按以下顺序执行作业程序的测试运转：

① 打开要测试的程序文件。

② 移动光标至期望跟踪程序点所在命令行。

③ 持续按住示教器上的有关【跟踪功能键】，实现机器人的单步或连续运转。

注意： 当机器人 TCP 当前位置与光标所在行不一致时，按下【跟踪功能键】，机器人将从当前位置移动到光标所在程序点位置；而当机器人 TCP 当前位置与光标所在行一致时，机器人将从当前位置移动到下一临近示教点位置。执行检查运行时，不执行起弧、喷涂等作业命令，只执行空再现。利用跟踪操作可快速实现程序点的变更、增加和删除。

（6）再现施焊。

工业机器人程序的启动可用两种方法：手动启动即使用示教器上的【启动按钮】来启动程序的方式，适合作业任务及测试阶段。自动启动即利用外部设备输入信号来启动程序的方式，在实际生产中经常用到。在确认机器人的运行范围内没有其他人员或障碍物后，接通保护气体，采用手动启动方式实现自动焊接作业。

① 打开要再现的作业程序，并移动光标到程序开头。

② 切换【模式旋钮】至"再现/自动"状态。

③ 按示教器上的【伺服 ON 按钮】，接通伺服电源。

④ 按【启动按钮】，机器人开始运行。

注意： 执行程序时，光标跟随再现过程移动，程序内容自动滚动显示。

4.3 任务三　工业机器人的离线编程

4.3.1　离线编程及其特点

离线编程是利用计算机图形学的成果，建立起机器人及其工作环境的几何模型，通过对图形的控制和操作，使用机器人编程语言描述机器人作业任务，然后对编程的结果进行三维图形动画仿真操作，离线计算、规划和调试机器人程序的正确性，并生成机器人控制器可执行的代码，最后通过通信接口发送至机器人控制器，如图 4 - 8 所示。

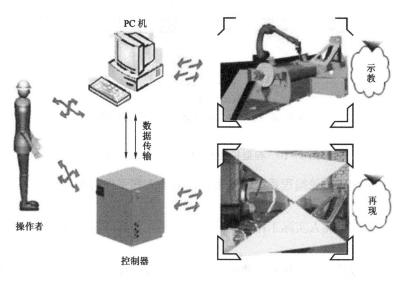

图 4 - 8　机器人的离线编程

基于虚拟现实技术的机器人作业编程已成为机器人学中的新兴研究方向，它将虚拟现实作为高端的人机接口，允许用户通过声、像、力以及图形等多种交互设备实时地与虚拟环境交互。机器人的模拟示教如图 4 – 9 所示。

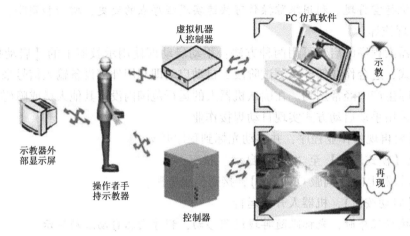

图 4 – 9　机器人的模拟示教

4.3.2　离线编程系统的软件构架

典型的机器人离线编程系统的软件架构，主要由建模模块、布局模块、编程模块、仿真模块、程序生成及通信模块组成，如图 4 – 10 所示。

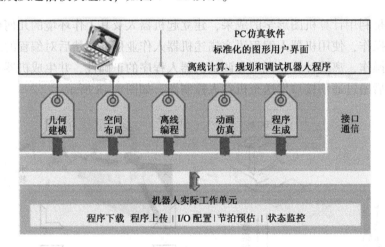

图 4 – 10　典型机器人离线编程系统的软件架构

建模模块——这是离线编程系统的基础，为机器人和工件的编程与仿真提供可视的三维几何造型。

布局模块——按机器人实际工作单元的安装格局在仿真环境下进行整个机器人系统模型的空间布局。

编程模块——包括运动学计算、轨迹规划等，前者是控制机器人运动的依据；后者用来生成机器人关节空间或直角空间里的轨迹。

仿真模块——用来检验编制的机器人程序是否正确、可靠，一般具有碰撞检查功能。

接口通信——离线编程系统的重要部分分为用户接口和通信接口：前者设计成交互式，可利用鼠标操作机器人的运动；后者负责连接离线编程系统与机器人控制器。

注意：在离线编程软件中，机器人和设备模型均为三维显示，可直观设置、观察机器人的位置、动作与干涉情况。在实际购买机器人设备之前，通过预先分析机器人工作站的配置情况，可使选型更加准确。离线编程软件使用的力学、工程学等计算公式和实际机器人完全一致。因此，模拟精度很高，可准确无误地模拟机器人的动作。离线编程软件中的机器人设置、操作和实际机器人上的几乎完全相同，程序的编辑画面也与在线示教相同。利用离线编程软件做好的模拟动画可输出为视频格式，便于学习和交流。

4.3.3　离线编程的基本步骤

图4-11所示为通过离线方式输入从 A 到 B 作业点程序。

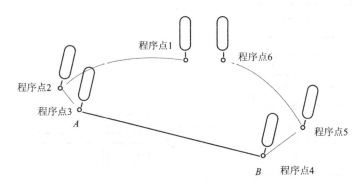

图4-11　机器人运动轨迹

离线编程的基本步骤如图4-12所示。

1. 几何建模

机器人工作台的几何建模如图4-13所示。

注意：各机器人公司开发的离线编程软件的模型库基本含有其生产的所有型号的机器人本体模型和一些典型周边设备模型；在导入由其他 CAD 软件绘制的机器人工作环境模型时，要注意参考坐标系是否一致问题。

2. 空间布局

提供一个与机器人进行交互的虚拟环境，需要把整个机器人系统（包括机器人本体、变位机、工件、周边作业设备等）的模型按照实际的装配和安装情况在仿真环境中进行布局，如图4-14所示。

3. 运动规划

如图4-15所示，运动规划主要有两个方面：作业位置规划和作业路径规划。作业位置规划在机器人运动空间可达性的条件下，尽可能减少机器人在作业过程中的极限运动或机器人各轴的极限位置。作业路径规划在保证末端工具作业姿态的前提下，避免机器人与工件、夹具、边设备等发生碰撞。

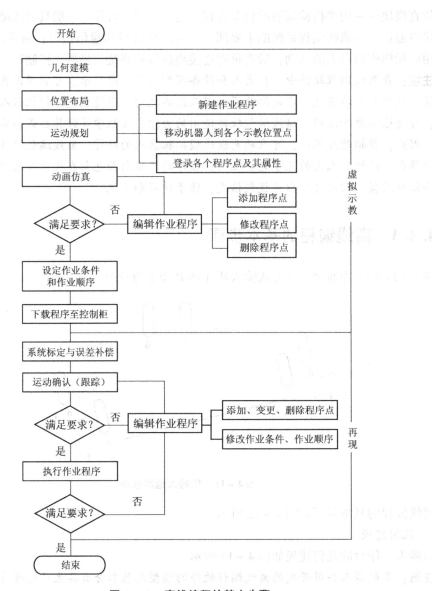

图 4 – 12　离线编程的基本步骤

图 4 – 13　机器人工作台的几何建模

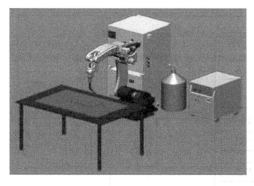
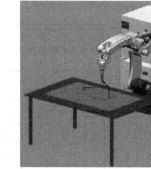

图4-14　机器人及其作业环境布局　　　　图4-15　机器人运动规划

注意：同在线示教一样，机器人的离线运动规划需新建一个作业程序以保存示教数据和机器人指令。采用在线示教方式操作机器人运动主要是通过示教器上的按键，而离线编程操作机器人三维图形运动主要用鼠标。

4. 动画仿真

系统对运动规划的结果进行三维图形动画仿真操作，模拟整个作业情况，检查末端工具发生碰撞的可能性及机器人的运动轨迹是否合理，并计算机器人的每个工步的操作时间和整个工作过程的循环时间，为离线编程结果的可行性提供参考。动画仿真如图4-16所示。

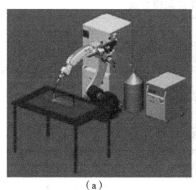
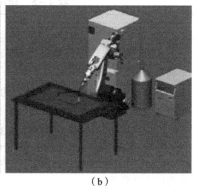

（a）　　　　　　　　　　　　　（b）

图4-16　动画仿真

（a）作业开始点仿真；（b）作业结束点仿真

5. 程序生成及传输

作业程序的仿真结果完全达到作业的要求后，将该作业程序转换成机器人的控制程序和数据，并通过通信接口下载到机器人控制柜，驱动机器人执行指定的作业任务。

6. 运行确认与施焊

出于安全考虑，离线编程生成的目标作业程序在自动运转前需跟踪试运行。至此，机器人从工件 A 点到 B 点的离线作业编程操作完毕。

注意：开始再现前，请做如下准备工作：工件表面清理与装夹、机器人原点确认。出于生产现场的复杂性、作业的可靠性等方面的考虑，工业机器人的作业示教在短期内仍将无法脱离在线示教的现状。无论在线示教还是离线编程，其主要目的是完成机器人运动轨迹、作业条件和作业顺序的示教，如图4-17所示。

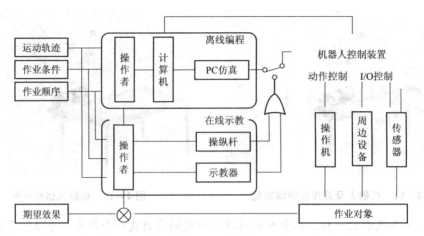

图4-17 机器人示教的主要内容

机器人作业程序的编辑常见的操作有程序点的追加、变更和删除,机器人移动速度的修改以及机器人指令的添加。

(1) 程序点的追加、变更和删除,如表4-5所示。

表4-5 程序点编辑方法

编辑类别	操作要领	动作图示
程序点的追加	① 使用跟踪功能将机器人移动到程序点1位置。② 手动操作机器人移动到新的目标点位置(程序点3)。③ 点按示教器按键登录程序点3	程序点1 程序点2 程序点3
程序点的变更	① 使用跟踪功能将机器人移动到程序点2位置。② 手动操作机器人移动到新的目标点位置。③ 点按示教器按键登录程序点2	程序点1 程序点3 程序点2
程序点的删除	① 使用跟踪功能将机器人移动到程序点2位置。② 点按示教器按键删除程序点2	程序点1 程序点3 程序点2

(2) 机器人移动速度的修改。

示教再现操作过程中,涉及3类动作速度:手动操作机器人移动时的示教速度、运动轨迹确认时的跟踪速度、程序自动运转时的再现速度。示教速度是用示教器手动操作机器人移动的速度,分点动速度和连续移动速度。跟踪速度是用示教器进行运行轨迹确认,或者程序编辑中跟踪机器人到某一程序点位置时的移动速度。跟踪操作时,一般有作业条件速度、移动命令速度以及高低挡速度切换三种选择。

再现速度运行示教程序的机器人移动速度。同跟踪速度类似,在作业区间内按照作业命令中的速度运行,而空走区间按照移动命令中的速度运行。

3. 机器人指令的添加

机器人指令分为以下几类:动作指令、作业指令、寄存器指令、I/O指令、跳转指令和其他指令。动作指令指以指定的移动速度和插补方式使机器人向作业空间内的指定位置移动的指令。作业指令是依据机器人具体应用领域而编制的一类指令,如码垛指令、焊接指令、搬运指令等。

寄存器指令是进行寄存器的算术运算的指令。

I/O指令是改变向外围设备的输出信号,或读取输入信号状态的指令。跳转指令使程序的执行从程序某一行转移到其他(程序的)行,如标签指令、程序结束指令、条件转移指令及无条件转移指令等。

还有其他指令如计时器指令、注释指令等。

本 章 小 结

目前国际上商品化、实用化的工业机器人基本都属于第一代工业机器人,它的基本工作原理是"示教—再现"。"示教"就是机器人学习的过程,"再现"是机器人按照示教时记录下来的程序展现这些工业机器人工作,通常通过"示教"的方法为机器人作业程序生成运动命令,目前主要采用两种方式进行:一是在线示教;二是离线编程。对工业机器人的作业任务进行编程,不论是在线示教还是离线编程,其主要涉及运动轨迹、作业条件和作业顺序三方面的示教。

任 务 工 单

1. 填空题

(1) _____也称导引,即由操作者直接或间接导引机器人,一步步按实际作业要求告知机器人应该完成的动作和作业的具体内容,机器人在导引过程中以_____的形式将其记录下来,并存储在机器人控制装置内;_____则是通过存储内容的回放,机器人就能在一定精度范围内按照程序展现所示教的动作和赋予的作业内容。

(2) _____的主要目的是检查示教生成的动作以及末端工具指向位置是否已登录。

(3) _____是利用计算机图形学的成果,在计算机中建立起机器人及其工作环境的模型,通过对图形的控制和操作,在不使用实际机器人的情况下编程,进而产生机器人程序。

2. 选择题

(1) 对工业机器人进行作业编程,主要内容包含(   )。

① 运动轨迹;② 作业条件;③ 作业顺序;④ 插补方式

A. ①②   B. ①②③   C. ①③   D. ①②③④

(2) 机器人运动轨迹的示教主要是确认程序点的属性,这些属性包括(   )。

① 位置坐标；② 插补方式；③ 再现速度；④ 作业点/空走点

A. ①②   B. ①②③   C. ①③   D. ①②③④

（3）与传统的在线示教编程相比，离线编程具有如下优点：（　　）。

① 减少机器人的非工作时间；② 使编程者远离苛刻的工作环境；③ 便于修改机器人程序；④ 可结合各种人工智能等技术提高编程效率；⑤ 便于和 CAD/CAM 系统结合，做到 CAD、CAM、Robotics 一体化。

A. ①②④⑤   B. ①②③   C. ①③④⑤   D. ①②③④⑤

3. 判断题

（1）因技术尚未成熟，现在广泛应用的工业机器人绝大多数属于第一代机器人，它的基本工作原理是示教—再现。   （　　）

（2）机器人示教时，对于有规律的轨迹，原则上仅需示教几个关键点。   （　　）

（3）采用直线插补示教的程序点指的是从当前程序点移动到下一程序点运行一段直线。   （　　）

（4）离线编程是工业机器人目前普遍采用的编程方式。   （　　）

（5）虽然示教再现方式存在机器人占用机时、效率低等诸多缺点，人们也试图通过采用传感器使机器人智能化，但在复杂的生产现场和作业可靠性等方面处处碰壁，难以实现。因此，工业机器人的作业示教在相当长时间内仍将无法脱离在线示教的现状。   （　　）

4. 综合应用题

用机器人完成图 4-18 所示直线轨迹（A→B）的焊接作业，回答如下问题：

（1）结合具体示教过程，填写表 4-6（请在相应选项下打"√"）。

（2）实际作业编程时，为提高效率，对程序点 1 和程序点 6 如何处理？简述操作过程。

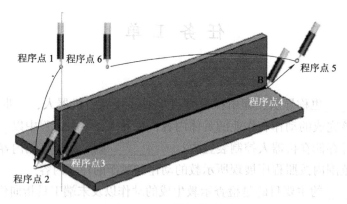

图 4-18　焊机轨迹图

表 4-6　示教表

程序点	作业点/空走点		插补方式		
	作业点	空走点	PTP	直线插补	圆弧插补
程序点 1					
程序点 2					

续表

程序点	作业点/空走点		插补方式		
	作业点	空走点	PTP	直线插补	圆弧插补
程序点 3					
程序点 4					
程序点 5					
程序点 6					

项目5 搬运机器人及其操作应用

章节目录

5.1 任务一 认识搬运机器人

 5.1.1 搬运机器人的系统组成

 5.1.2 搬运机器人的作业示教

 5.1.3 冷加工搬运作业

 5.1.4 热加工搬运作业

课前回顾

如何使用在线示教方式进行工业机器人任务编程？

如何进行工业机器人离线作业示教再现？

学习目标

 认知目标：

了解搬运机器人的分类及特点；

掌握搬运机器人的系统组成及其功能；

熟悉搬运机器人作业示教的基本流程。

 能力目标：

能够识别搬运机器人工作站基本构成；

能够进行搬运机器人的简单作业示教。

导入案例

国产高效智能压铸装备研制成功

智能压铸岛是以压铸机为核心设备构成的一组智能化生产单元，以无人化生产管理方式自动完成从原材料到合格铸件成品间的工艺生产流程，实现压铸生产的程序化、数字化和远程控制。高效智能压铸岛以压铸机为核心，配备3～10个机器人和多部AGV小车，集成多个控制系统、伺服系统、检测系统于一体，包括铝液智能熔化系统、伺服定量浇注系统、炉料回收系统、智能熔体含气量检测系统、真空压铸系统自动模温机、自动三维伺服喷涂机械手、耐高温抗腐蚀的装件取件机器人、镶嵌自动快速加热和均温装置、自动型芯冷却系统、自动余料去除及飞边清理装置、大型精密压铸模具、输送带、冷却装置、在线智能检测系统、激光打标机、智能转运小车、压铸生产信息化管理系统、嵌入式专用控制器、压铸专家系统等设备和系统。

课堂认知

5.1 任务一　认识搬运机器人

搬运机器人具有通用性强、工作稳定的优点，且操作简便、功能丰富，逐渐向第三代智能机器人发展，其主要优点有：动作稳定和提高搬运准确性；提高生产效率，解放繁重体力劳动，实现"无人"或"少人"生产；改善工人劳作条件，摆脱有毒、有害环境；柔性高、适应性强，可实现多形状、不规则物料搬运。定位准确，保证批量一致性。降低制造成本，提高生产效益。

如图 5 - 1 所示，从结构形式上看，搬运机器人可分为龙门式搬运机器人、悬臂式搬运机器人、侧壁式搬运机器人、摆臂式搬运机器人和关节式搬运机器人。

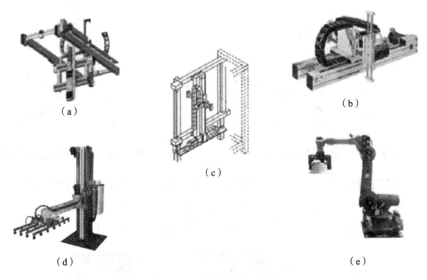

（a）　　　　　　　　　　　　　　　　　　（b）

（c）

（d）　　　　　　　　　　　　　　　　　　（e）

图 5 - 1　搬运机器人分类

（a）龙门式搬运机器人；（b）悬臂式搬运机器人；（c）侧壁式搬运机器人；

（d）摆臂式搬运机器人；（e）关节式搬运机器人

（1）龙门式搬运机器人，如图 5 - 2 所示。其坐标系主要由 X 轴、Y 轴和 Z 轴组成。其多采用模块化结构，可依据负载位置、大小等选择对应直线运动单元及组合结构形式，可实现大物料、重吨位搬运，采用直角坐标系，编程方便快捷，被广泛运用于生产线转运及机床上下料等大批量生产过程。

（2）悬臂式搬运机器人如图 5 - 3 所示。其坐标系主要由 X 轴、Y 轴和 Z 轴组成，它也可随不同的应用采取相应的结构形式。被广泛运用于卧式机床、立式机床及特定机床内部和冲压机热处理机床自动上下料。

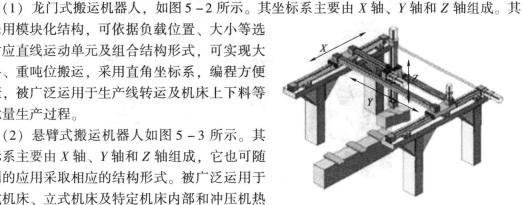

图 5 - 2　龙门式搬运机器人

（3）侧壁式搬运机器人，如图5-4所示。其坐标系主要由 X 轴、Y 轴和 Z 轴组成，也可随不同的应用采取相应的结构形式。侧壁式搬运机器人主要运用于立体库类，如档案自动存取、全自动银行保管箱存取系统等。

（4）摆臂式搬运机器人如图5-5所示，其坐标系主要由 X 轴、Y 轴和 Z 轴组成。Z 轴的作用主要是升降，也称为主轴。Y 轴的移动主要通过外加滑轨，X 轴末端连接控制器，其绕 X 轴的转动，实现4轴联动。广泛应用于国内外生产厂家，是关节式机器人的理想替代品，但其负载程度相比于关节式机器人小。

图 5-3　悬臂式搬运机器人

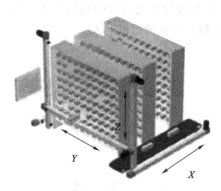

图 5-4　侧壁式搬运机器人

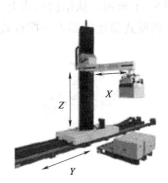

图 5-5　摆臂式搬运机器人

（5）关节式搬运机器人，如图5-6所示。关节式搬运机器人是当今工业产业中常见的机型之一，其拥有5~6个轴，行为动作类似于人的手臂，具有结构紧凑、占地空间小、相对工作空间大、自由度高等特点，适用于几乎任何轨迹或角度的工作。

图 5-6　关节式搬运机器人

龙门式、悬臂式、侧壁式和摆臂式搬运机器人均在直角式坐标系下作业，其适应范围相对较窄、针对性较强，适合定制专用机来满足特定需求。

直角式（桁架式）搬运机器人和关节式机器人在实际运用中都有如下特性：

① 能够实时调节动作节拍、移动速率、末端执行器动作状态。

② 可更换不同末端执行器以适应物料形状的不同，方便、快捷。

③ 能够与传送带、移动滑轨等辅助设备集成，实现柔性化生产。

④ 占地面积相对小、动作空间大。

5.1.1 搬运机器人的系统组成

搬运机器人是一个完整系统。以关节式搬运机器人为例，其工作站主要由操作机，控制系统，搬运系统（气体发生装置、真空发生装置、手爪等）和安全保护装置组成，如图5-7所示。

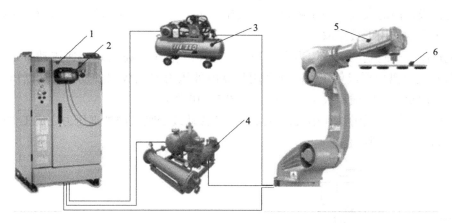

图5-7 搬运机器人的系统组成

1—机器人控制柜；2—示教器；3—气体发生装置；4—真空发生装置；5—操作机；6—端拾器（手爪）

关节式搬运机器人常见的本体有4～6轴。6轴搬运机器人本体部分具有回转、抬臂、前伸、手腕旋转、手腕弯曲和手腕扭转6个独立旋转关节，多数情况下5轴搬运机器人略去手腕旋转这一关节，4轴搬运机器人则略去了手腕旋转和手腕弯曲这两个关节运动。搬运机器人运动轴如图5-8所示。

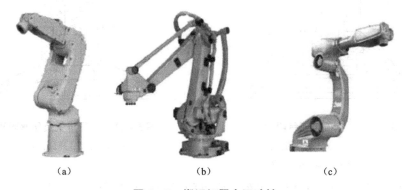

（a） （b） （c）

图5-8 搬运机器人运动轴

（a）4轴；（b）5轴；（c）6轴

常见的搬运机器人末端执行器有吸附式、夹钳式和仿人式等。

1. 吸附式末端执行器

吸附式末端执行器依据吸力不同可分为气吸附和磁吸附。

（1）气吸附主要是利用吸盘内压力和大气压之间压力差进行工作，依据压力差可将其分为真空吸盘吸附（图5-9）、气流负压气吸附、挤压排气负压气吸附等。

真空吸盘吸附通过连接真空发生装置和气体发生装置实现抓取和释放工件，工作时，真空发生装置将吸盘与工件之间的空气吸走使其达到真空状态，此时，吸盘内的大气压小于吸盘外大气压，工件在外部压力的作用下被抓取。

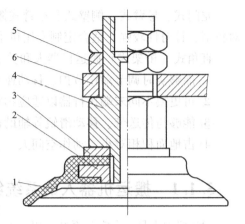

图5-9　真空吸盘吸附
1—橡胶吸盘；2—固定环；3—垫片；
4—支撑杆；5—螺母；6—基板

气流负压气吸附是利用流体力学原理，通过压缩空气（高压）高速流动带走吸盘内气体（低压）使吸盘内形成负压，同样利用吸盘内外压力差完成取件动作，切断压缩空气随即消除吸盘内负压，完成释放工件动作，如图5-10所示。

挤压排气负压气吸附是利用吸盘变形和拉杆移动改变吸盘内外部压力完成工件吸取和释放动作，如图5-11所示。

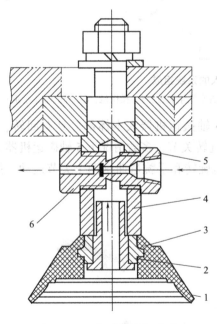

图5-10　气流负压气吸附
1—橡胶吸盘；2—心套；3—透气螺钉；
4—支撑架；5—喷嘴；6—喷嘴套

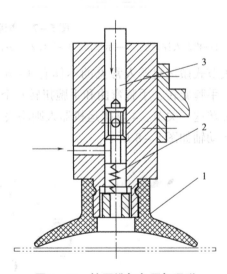

图5-11　挤压排气负压气吸附
1—橡胶吸盘；2—弹簧；3—拉杆

（2）磁吸附利用磁力进行吸取工件，常见的磁力吸盘分为永磁吸盘、电磁吸盘、电永磁吸盘等。

如图 5－12 所示，永磁吸附是利用磁力线通路的连续性及磁场叠加性而工作，永磁吸盘的磁路为多个磁系，通过磁系之间的相互运动来控制工作磁极面上的磁场强度进而实现工件的吸附和释放动作。

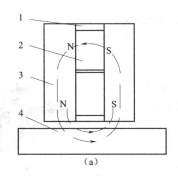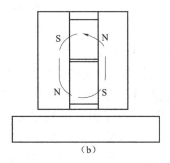

图 5－12 永磁吸附

（a）吸附状态；（b）释放状态

1—非导磁体；2—永磁铁；3—磁轭；4—工件

如图 5－13 所示，电磁吸附是利用内部激磁线圈通直流电后产生磁力，而吸附导磁性工件。电永磁吸附是利用永磁磁铁产生磁力，利用激磁线圈对吸力大小进行控制，起到"开、关"作用。磁吸附只能吸附对磁产生感应的物体起作用，故对于要求不能有剩磁的工件无法使用，且磁力受高温影响较大，故在高温下工作亦不能选择磁吸附，所以在使用过程中有一定局限性。常适合要求抓取精度不高且在常温下工作的工件。根据被抓取工件形状、大小及抓取部位的不同，爪面形式常有平滑爪面、齿形爪面和柔性爪面。

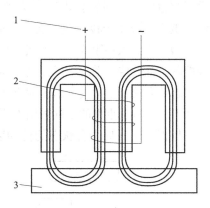

图 5－13 电磁吸附

1—直流电源；2—激磁线圈；3—工件

平滑爪面——指爪面光滑平整，多数用来加持已加工好的工件表面，保证加工表面无损伤。

齿形爪面——指爪面刻有齿纹，主要目的是增加与加持工件的摩擦力，确保加持稳固可靠，常用于加持表面粗糙毛坯或半成品工件。

柔性爪面——内镶有橡胶、泡沫、石棉等物质，起到增加摩擦、保护已加工工件表面、隔热等作用。柔性爪面多用于加持已加工工件、炽热工件、脆性或薄壁工件等。

2. 夹钳式末端执行器

末端执行器通过手爪的开启闭合实现对工件的夹取，由手爪、驱动机构、传动机构、连接和支撑元件组成，多用于负载重、高温、表面质量不高等吸附式无法进行工作的场合。常见手爪前端形状分 V 形爪、平面形爪、尖形爪等，如图 5－14 所示。

（1）V 形爪，常用于圆柱形工件，其加持稳固可靠，误差相对较小。

（2）平面形爪，多数用于夹持方形工件（至少有两个平行面如方形包装盒等），厚板形或者短小棒料。

（3）尖形爪，常用于夹持复杂场合小型工件，避免与周围障碍物相碰撞，也可夹持炽热工件，避免搬运机器人本体受到热损伤。

图 5 – 14　手爪前端形状分类

(a) V 形爪；(b) 平面形爪；(c) 尖形爪

3. **仿人式末端执行器**

仿人式末端执行器是针对特殊外形工件进行抓取的一类手爪，主要包括柔性手和多指灵巧手，如图 5 – 15 所示。

（1）柔性手。柔性手的抓取是多关节柔性手腕，每个手指有多个关节链组成，由摩擦轮和牵引线组成，工作时通过一根牵引线收紧及另一根牵引线放松实现抓取，柔性手抓取不规则、圆形等轻便工件。

（2）多指灵巧手。多指灵巧手包括多根手指，每根手指都包含 3 个回转自由度且为独立控制，实现精确操作，被广泛应用于核工业、航天工业等高精度作业。

搬运机器人夹钳式、仿人式手爪需要连接相应外部信号控制装置及传感系统，以控制搬运机器人手爪实时的动

图 5 – 15　仿人式末端执行器

作状态及力的大小，其手爪驱动方式多为气动、电动和液压驱动，对于轻型和中型的零件采用气动手爪，对于重型的零件采用液压手爪，对于精度要求高或复杂的场合采用伺服手爪。

依据手爪开启闭合状态的传动装置可分为回转型和移动型，如图 5 – 16 所示。

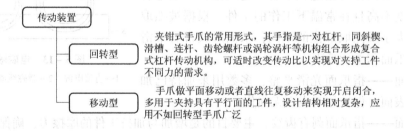

图 5 – 16　传动装置分类

搬运机器人主要包括机器人和搬运系统。机器人由搬运机器人本体及完成搬运路线控制的控制柜组成。而搬运系统末端执行器主要有吸附式、夹钳式和仿人式等形式。

5.1.2　搬运机器人的作业示教

搬运机器人主要适合大批量、重复性强或是工件重量较大以及工作环境具有高温、粉尘等条件恶劣的情况。

特点：定位精确、生产质量稳定、工作节拍可调、运行平稳可靠、维修方便。

TCP 点确定：如图 5 – 17 所示，末端执行器不同而设置在不同位置，就吸附式而言其TCP 一般设在法兰中心线与吸盘平面交点处；夹钳式其 TCP 一般设在法兰中心线与手爪前端面交点处。

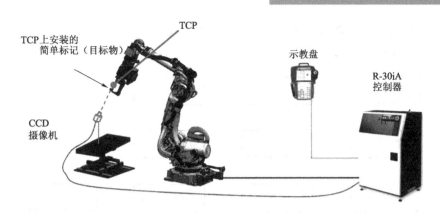

图 5 - 17　TCP 确定

5.1.3　冷加工搬运作业

以机加工件搬运为例，选择龙门式机器人（5 轴），其末端执行器为气吸附，采用在线示教方式为机器人输入搬运作业程序。搬运运动轨迹如图 5 - 18 所示，程序点说明见表 5 - 1。

图 5 - 18　搬运运动轨迹

表 5 - 1　程序点说明

程序点	说明	吸盘动作	程序点	说明	吸盘动作
程序点 1	机器人原点		程序点 8	搬运中间点	吸取
程序点 2	移动中间点		程序点 9	搬运中间点	吸取
程序点 3	搬运临近点		程序点 10	搬运作业点	放置
程序点 4	搬运作业点	吸取	程序点 11	搬运规避点	
程序点 5	搬运中间点	吸取	程序点 12	移动中间点	
程序点 6	搬运中间点	吸取	程序点 13	机器人原点	
程序点 7	搬运中间点	吸取			

冷加工搬运机器人作业示教流程，如图 5 – 19 所示。

冷加工搬运作业示教见表 5 – 2。

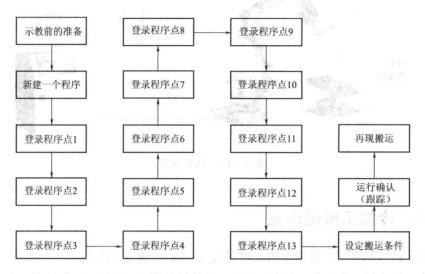

图 5 – 19　冷加工搬运机器人作业示教流程

表 5 – 2　冷加工搬运作业示教

程序点	示教方法
程序点 1 （机器人原点）	① 按第 3 章手动操作机器人要领移动机器人到搬运原点。 ② 插补方式选择 "PTP"。 ③ 确认并保存程序点 1 为搬运机器人原点
程序点 2 （移动中间点）	① 手动操作搬运机器人到移动中间点，并调整吸盘姿态。 ② 插补方式选择 "PTP"。 ③ 确认并保存程序点 2 为搬运机器人作业移动中间点
程序点 3 （搬运临近点）	① 手动操作搬运机器人到搬运作业临近点，并调整吸盘姿态。 ② 插补方式选择 "PTP"。 ③ 确认并保存程序点 3 为搬运机器人作业临近点
程序点 4 （搬运作业点）	① 手动操作搬运机器人移动到搬运起始点且保持吸盘位姿不变。 ② 插补方式选择 "直线插补"。 ③ 再次确认程序点，保证其为作业起始点。 ④ 若有需要可直接输入搬运作业命令
程序点 5 （搬运中间点）	① 手动操作搬运机器人到搬运中间点，并适度调整吸盘姿态。 ② 插补方式选择 "PTP"。 ③ 确认并保存程序点 6 ~ 9 为搬运机器人作业中间点
程序点 6 ~ 9 （搬运中间点）	① 手动操作搬运机器人到搬运中间点，并适度调整吸盘姿态。 ② 插补方式选择 "PTP"。 ③ 确认并保存程序点 6 ~ 9 为搬运机器人作业中间点

程序点	示教方法
程序点 10 （搬运作业点）	① 手动操作搬运机器人移动到搬运终止点且调整吸盘位姿以适合安放工件。 ② 插补方式选择"直线插补"。 ③ 再次确认程序点，保证其为作业终止点。 ④ 若有需要可直接输入搬运作业命令
程序点 11 （搬运规避点）	① 手动操作搬运机器人到搬运作业规避点。 ② 插补方式选择"直线插补"。 ③ 确认并保存程序点 11 为搬运机器人作业规避点
程序点 12 （移动中间点）	① 手动操作搬运机器人到移动中间点，并调整吸盘姿态。 ② 插补方式选择"PTP"。 ③ 确认并保存程序点 12 为搬运机器人作业移动中间点
程序点 13 （机器人原点）	① 手动操作搬运机器人到机器人原点。 ② 插补方式选择"PTP"。 ③ 确认并保存程序点 13 为搬运机器人原点

（1）示教前的准备。

① 确认自己和机器人之间保持安全距离。

② 机器人原点确认。

（2）新建作业程序。

点按示教器的相关菜单或按钮，新建一个作业程序，如"Handle_cold"。

（3）程序点的登录。

在示教模式下，手动操作移动龙门搬运机器人轨迹，设定程序点 1 至程序点 13，程序点 1 和程序点 13 需设置在同一点，可方便编写程序，此外程序点 1 至程序点 13 需处于与工件、夹具互不干涉位置。

（4）设定作业条件。

① 在作业开始命令中设定搬运开始规范及搬运开始动作次序。

② 在搬运结束命令中设定搬运结束规范及搬运结束动作次序。

③ 手动调节相应大小的负压。依据实际情况，在编辑模式下合理选择配置搬运工艺参数。

（5）检查试运行。

① 打开要测试的程序文件。

② 移动光标到程序开头位置。

③ 按住示教器上的有关【跟踪功能键】，实现搬运机器人单步或连续运转。

（6）再现搬运。

① 打开要再现的作业程序，并将光标移动到程序的开始位置，将示教器上的【模式开

关】设定到"再现/自动"状态。

② 按示教器上【伺服 ON 按钮】，接通伺服电源。

③ 按【启动按钮】，搬运机器人开始运行。

5.1.4 热加工搬运作业

以模锻工件搬运为例，选择关节式搬运机器人（6 轴），末端执行器为夹钳式，采用在线示教方式为机器人输入搬运作业程序，此程序由编号 1 至 10 的 10 个程序点组成，如图 5 – 20 所示。

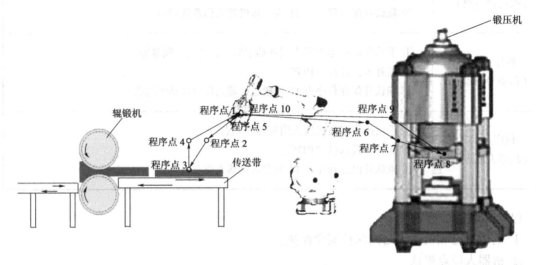

图 5 – 20　热加工搬运机器人轨迹图例

程序点说明见表 5 – 3。作业示教流程，如图 5 – 21 所示。

表 5 – 3　程序点说明

程序点	说明	吸盘动作
程序点1	机器人原点	
程序点2	搬运临近点	
程序点3	搬运作业点	抓取
程序点4	搬运中间点	抓取
程序点5	搬运中间点	抓取
程序点6	搬运中间点	抓取
程序点7	搬运中间点	抓取
程序点8	搬运作业点	放置
程序点9	移动规避点	
程序点10	机器人原点	

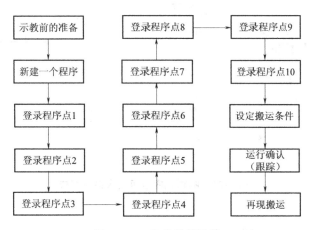

图 5 - 21　作业示教流程

（1）示教前的准备。

① 确认自己和机器人之间保持安全距离。

② 机器人原点确认。通过机器人机械臂各关节处的标记或调用原点程序复位机器人。

（2）新建作业程序。

点按示教器的相关菜单或按钮，新建一个作业程序，如"Handle_hot"。

（3）程序点的登录。

在示教模式下，手动操作移动搬运机器人轨迹，设定程序点 1 至程序点 10，程序点 1 和程序点 10 需设置在同一点，可方便编写程序，此外程序点 1 至程序点 10 需处于与工件、夹具互不干涉位置。

本 章 小 结

搬运机器人亦为工业机器人当中的一员，通过轴之间的相互配合可将搬运手爪准确移动到预定空间位置，实现物件的抓取和释放动作，按结构形式分，搬运机器人可分为龙门式、悬臂式、侧壁式、摆臂式和关节式等。搬运机器人作业编程简单，主要为运动轨迹、作业条件和作业顺序的示教。对于搬运作业而言，其机器人控制点（TCP）可依据实际条件进行设置，如吸盘类手爪多设置为法兰中心线与吸盘底面的交点处，夹钳类手爪多设置在法兰中心线与手爪前端面的交点处，作业时要求机器人手爪贴近工件实现抓取动作。

任 务 工 单

1. 填空题

（1）从结构形式上看，搬运机器人可分为_____、_____、_____、_____和关节式搬运机器人。

（2）搬运机器人常见的末端执行器主要有_____、_____和_____等。

（3）图 5 - 22 所示为吸附式搬运机器人系统组成。其中，1 表示_____，2 表示_____，3 表示_____，4 表示_____，5 表示_____，6 表示_____。

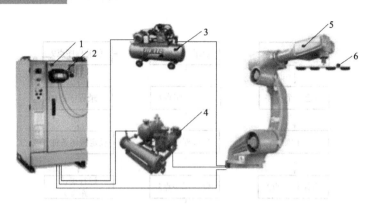

图 5-22　吸附式搬运机器人系统组成

2. 选择题

（1）依据压力差不同，可将气吸附分为（　　　）。

① 真空吸盘吸附；② 气流负压气吸附；③ 挤压排气负压气吸附

A. ①②　　　　　　B. ①③　　　　　　C. ②③　　　　　　D. ①②③

（2）搬运机器人作业编程主要是完成（　　　）的示教。

① 运动轨迹；② 作业条件；③ 作业顺序

A. ①②　　　　　　B. ①③　　　　　　C. ②③　　　　　　D. ①②③

3. 判断题

（1）根据车间场地面积，在有利于提高生产节拍的前提下，搬运机器人工作站可采用 L 形、环状、"品"字、"一"字等布局。　　　　　　　　　　　　　　　　　　　　　（　　　）

（2）关节式搬运机器人本体在负载较轻的情况下可以与其他通用关节机器人本体进行互换。　　　　　　　　　　　　　　　　　　　　　　　　　　　　　　　　　　　　（　　　）

（3）关于搬运机器人 TCP 点，吸盘类一般设置在法兰中心线与吸盘底面的交点处，而夹钳类通常设置在法兰中心线与手爪前端面的交点处。　　　　　　　　　　　　　　（　　　）

4. 综合应用题

（1）简述气吸附与磁吸附的异同点。

（2）图 5-23 所示为某品牌游戏机钣金件生产线，该生产线主要由 5 台冲压机床和 6 台垂直多关节搬运机器人组成。产品采用 Q235 冷板材，生产工序依次为落料→一次拉伸→二

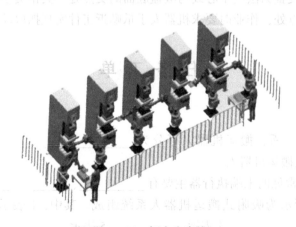

图 5-23　钣金生产线

次拉伸→冲孔（大孔）→冲孔（周边小孔），各工序间物料搬运均由机器人完成。依图画出落料至一次拉伸工序间机器人物料搬运轨迹示意图并完成表 5 – 4（请在相应选项下打"√"或选择序号）。

表 5 – 4　示教表

程序点	搬运作业		插补方式	
	作业点	① 原点；② 中间点；③ 规避点；④ 临近点	PTP	直线插补
程序点 1				
程序点 2				
程序点 3				
程序点 4				
程序点 5				
程序点 6				
程序点 7				
程序点 8				
程序点 9				
程序点 10				
程序点 11				
程序点 12				
程序点 13				

项目6　码垛机器人及其操作应用

章节目录

6.1 任务一　认识码垛机器人

　　6.1.1　码垛机器人的系统组成

　　6.1.2　码垛机器人的作业示教

课前回顾

如何准确移动搬运机器人进行搬运作业？

学习目标

　　认知目标：

了解码垛机器人的分类及特点；

掌握码垛机器人的系统组成及其功能；

熟悉码垛机器人作业示教基本流程。

　　能力目标：

能够识别码垛机器人工作站的基本构成；

能够进行码垛机器人的简单作业示教。

导入案例

码垛自动化

随着中国啤酒饮料产业的不断发展以及生产技术装备的不断革新，机器人技术在啤酒、饮料包装码垛中也得到了广泛应用。同时，机器人技术在医药和消费品领域的应用范围也正逐渐扩大，尤其在这些领域至关重要的包装码垛环节中，机器人已经在真正意义上成为生产商在包装码垛环节的有力武器。

课堂认知

6.1 任务一　认识码垛机器人

码垛机器人具有作业高效、码垛稳定等优点，能解放工人的繁重体力劳动，已在各个行业的包装物流线中发挥强大作用。其主要优点有：占地面积少，动作范围大，减少厂源浪费；能耗低，降低运行成本；提高生产效率，解放繁重体力劳动，实现"无人"或"少人"码垛；改善工人劳作条件，摆脱有毒、有害环境；柔性高、适应性强，可实现不同物料码垛，定位准确，稳定性高。

码垛机器人与搬运机器人在本体结构上没有过多区别，通常可认为码垛机器人本体较搬运机器人大，在实际生产当中码垛机器人多为四轴且多数带有辅助连杆，连杆主要起到增加力矩和平衡的作用，码垛机器人多不能进行横向或纵向移动，安装在物流线末端，常见的码垛机器人为关节式码垛机器人、摆臂式码垛机器人和龙门式码垛机器人，如图6-1所示。

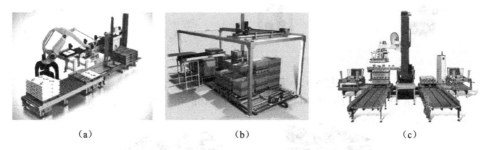

图6-1　码垛机器人的分类
(a) 关节式码垛机器人；(b) 龙门式码垛机器人；(c) 摆臂式码垛机器人

6.1.1　码垛机器人的系统组成

通常码垛机器人主要由操作机，控制系统，码垛系统（气体发生装置、液压发生装置）和安全保护装置组成，如图6-2所示。

图6-2　码垛机器人的系统组成
1—机器人控制柜；2—示教器；3—气体发生装置；4—真空发生装置；5—操作机；6—夹板式手爪；7—底座

关节式码垛机器人的常见本体多为4轴，亦有5、6轴码垛机器人，但在实际包装码垛物流线中5、6轴码垛机器人相对较少。码垛主要在物流线末端进行工作，4轴码垛机器人足以满足日常码垛。四大厂家码垛机器人本体如图6-3所示。

常见码垛机器人的末端执行器有吸附式、夹板式、抓取式、组合式。

吸附式——在码垛中吸附式末端执行器主要为气吸附，广泛应用于医药、食品、烟酒等行业。

夹板式——夹板式手爪是码垛过程中最常用的一类手爪，常见的有单板式和双板式，主要用于整箱或规则盒码垛，夹板式手爪加持力度较吸附式手爪大，并且两侧板光滑，不会损伤码垛产品外观质量，单板式与双板式的侧板一般都会有可旋转爪钩，如图6-4 (a)、(b) 所示。

抓取式——抓取式手爪是一种可灵活适应不同形状和内含物的包装袋，如图6-4 (c) 所示。

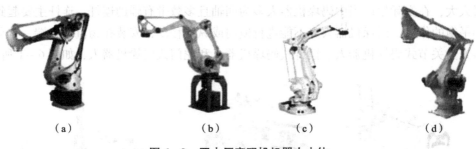

(a)　　　　　　　　(b)　　　　　　　(c)　　　　　　　　(d)

图 6 - 3　四大厂家码垛机器人本体

(a) KUKA KR 700PA；(b) FANUC M - 410iB；(c) ABB IRB 660；(d) YASKAWAMPL 80

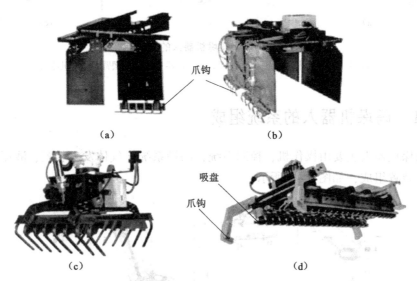

爪钩

(a)　　　　　　　　　　　　　　(b)

吸盘

爪钩

(c)　　　　　　　　　　　　　(d)

图 6 - 4　末端执行器

(a) 单板式；(b) 双板式；(c) 抓取式手爪；(d) 组合式手爪

组合式——组合式是通过组合获得各单组手爪优势的一种手爪，灵活性较大，各单组手爪之间既可单独使用又可配合使用，可同时满足多个工位的码垛，如图 6 - 4 (d) 所示。

码垛机器人主要包括机器人和码垛系统。机器人由搬运机器人本体及完成码垛排列控制的控制柜组成。

6.1.2　码垛机器人的作业示教

码垛机器人是在物流生产线末端取代工人或码垛机完成工件的自动码垛功能，主要适应大批量、重复性强或是工作环境具有高温、粉尘等条件恶劣情况。码垛机器人具有定位精确、码垛质量稳定、工作节拍可调、运行平稳可靠、维修方便等特点。

TCP 确定：

对码垛机器人而言，因末端执行器不同而设置在不同位置，就吸附式而言其 TCP 一般设在法兰中心线与吸盘所在平面交点的连线上并延伸一段距离，距离的长短依据吸附物料高度确定，如图 6 - 5 所示；夹板式和抓取式的 TCP 一般设在法兰中心线与手爪前端面交点处，如图 6 - 6 所示；而组合式 TCP 设定点需依据起主要作用的单组手爪确定。

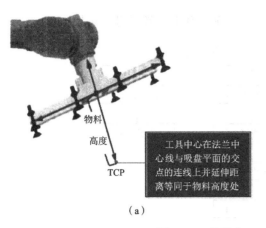

（a）　　　　　　　　　　　　　　（b）

图 6-5　吸附式 TCP 点及生产再现

（a）吸附式 TCP 点；（b）生产再现

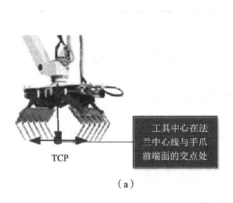

（a）　　　　　　　　　　　　　　（b）

图 6-6　抓取式 TCP 点及生产再现

（a）抓取式 TCP 点；（b）生产再现

以袋料码垛为例，选择关节式机器人（4 轴），末端执行器为抓取式，采用在线示教方式为机器人输入码垛作业程序，以 A 垛 I 码垛为例展开，码垛机器人运动轨迹如图 6-7 所示。

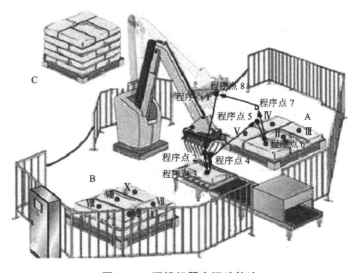

图 6-7　码垛机器人运动轨迹

码垛机器人热作业示教流程，如图6-8所示。码垛作业示教说明，见表6-1。

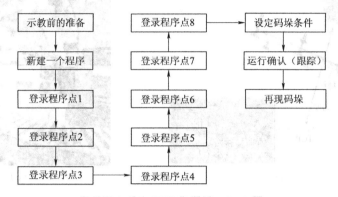

图6-8 码垛机器热作业示教流程

表6-1 码垛作业示教说明

程序点	示教方法
程序点1 （机器人原点）	① 按第3章手动操作机器人要领移动机器人到码垛原点。 ② 插补方式选择"PTP"。 ③ 确认并保存程序点1为码垛机器人原点
程序点2 （码垛临近点）	① 手动操作码垛机器人到码垛作业临近点，并调整手爪姿态。 ② 插补方式选择"PTP"。 ③ 确认并保存程序点2为码垛机器人作业临近点
程序点3 （码垛作业点）	① 手动操作码垛机器人移动到码垛起始点且保持手爪位姿不变。 ② 插补方式选择"直线插补"。 ③ 再次确认程序点，保证其为作业起始点。 ④ 若有需要可直接输入码垛作业命令
程序点4 （码垛中间点）	① 手动操作码垛机器人到码垛中间点，并适度调整手爪姿态。 ② 插补方式选择"直线插补"。 ③ 确认并保存程序点4为码垛机器人作业中间点
程序点5 （码垛中间点）	① 手动操作码垛机器人到码垛中间点，并适度调整手爪姿态。 ② 插补方式选择"PTP"。 ③ 确认并保存程序点5为码垛机器人作业中间点
程序点6 （码垛作业点）	① 手动操作码垛机器人移动到码垛终止点且调整手爪位姿以适合安放工件。 ② 插补方式选择"直线插补"。 ③ 再次确认程序点，保证其为作业终止点。 ④ 若有需要可直接输入码垛作业命令

程序点	示教方法
程序点 7 （码垛规避点）	① 手动操作码垛机器人到码垛作业规避点。 ② 插补方式选择"直线插补"。 ③ 确认并保存程序点 7 为码垛机器人作业规避点
程序点 8 （机器人原点）	① 手动操作码垛机器人到机器人原点。 ② 插补方式选择"PTP"。 ③ 确认并保存程序点 8 为码垛机器人原点

（1）示教前的准备。

① 确认自己和机器人之间保持安全距离。

② 机器人原点确认。

（2）新建作业程序。

点按示教器的相关菜单或按钮，新建一个作业程序，如"Spot_sheet"。

（3）程序点的登录。

在示教模式下，手动操作移动关节式码垛机器人轨迹设定程序点 1 至程序点 8（程序点 1 和程序点 8 设置在同一点可提高作业效率），此外程序点 1 至程序点 8 需处于与工件、夹具互不干涉位置。程序点说明见表 6-2。

表 6-2 程序点说明

程序点	说明	抓手动作	程序点	说明	抓手动作
程序点	1 机器人原点		程序点 5	码垛中间点	抓取
程序点	2 码垛临近点		程序点 6	码垛作业点	放置
程序点	3 码垛作业点	抓取	程序点 7	码垛规避点	
程序点	4 码垛中间点	抓取	程序点 8	机器人原点	

（4）设定作业条件。

码垛参数设定主要为 TCP 设定、物料重心设定、托盘坐标系设定、末端执行器姿态设定、物料重量设定、码垛层数设定、计时指令设定等。

（5）检查试运行。

确认码垛机器人周围安全，进行作业程序跟踪测试。

① 打开要测试的程序文件。

② 移动光标到程序开头位置。

③ 按住示教器上的有关【跟踪功能键】，实现码垛机器人单步或连续运转。

（6）再现码垛。

① 打开要再现的作业程序，并将光标移动到程序的开始位置，将示教器上的【模式开关】设定到"再现/自动"状态。

② 按示教器上【伺服 ON 按钮】，接通伺服电源。

③ 按【启动按钮】，码垛机器人开始运行。

码垛机器人编程时运动轨迹上的关键点坐标位置可通过示教或坐标赋值方式进行设定，在实际生产当中若托盘相对较大，采用示教方式找寻关键点；若产品尺寸同托盘码垛尺寸合理，采用坐标赋值方式获取关键点。

采用赋值法获取关键点，图6-9所示中点为产品的几何中心点，即需找到托盘上表面这些几何点垂直投影点所在位置。

实际移动码垛机器人寻找关键点时，需用到校准针，如图6-10所示。

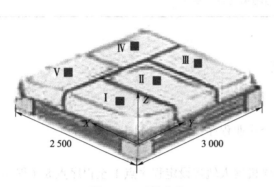

图6-9 码垛产品

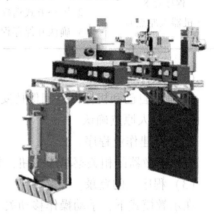

图6-10 校准针

第一层码垛示教完毕，第二层只需在第一层基础上在Z方向加上相应产品高度即可，示教方式如同第一层，第三层可调用第一层程序并在第二层基础上加上产品高度，以此类推。

任 务 工 单

1. 填空题

（1）从结构形式上看，码垛机器人可分为_____、_____和关节式码垛机器人。

（2）码垛机器人常见的末端执行器分_____、_____、_____和_____。

（3）码垛机器人工作站按进出物料方式可分为_____、_____、_____和四进四出等形式。

2. 选择题

（1）在实际生产当中常见的码垛机器人工作站工位布局是（　　）。

① 全面式码垛；② 集中式码垛；③ 一进一出式码垛；④ 两进两出式码垛；⑤ 一进两出式码垛；⑥ 三进三出式码垛

A. ①②　　　　B. ①②③　　　　C. ③④⑤⑥　　　　D. ③④⑤

（2）对医药品码垛工作站而言，码垛辅助设备主要有（　　）。

① 金属检测机；② 重量复检机；③ 自动剔除机；④ 倒袋机；⑤ 整形机；⑥ 待码输送机；⑦ 传送带；⑧ 码垛系统装置；⑨ 安全保护装置

A. ①②③⑦⑧⑨   B. ①③⑤⑦⑧⑨
C. ②③④⑦⑧⑨   D. ①②③④⑤⑥⑦⑧⑨

3. 判断题

（1）根据车间场地面积，在有利于提高生产节拍的前提下，码垛机器人工作站可采用L形、环状、"品"字、"一"字等布局。   （ ）

（2）关节式码垛机器人本体与关节式搬运机器人本体没有任何区别，在任何情况下都可以互换。   （ ）

（3）关于码垛机器人TCP点，吸附式多设在法兰中心线与吸盘所在平面交点的连线上并延伸一段距离使这段距离等同于物料高度，而夹板式同抓取式多设在法兰中心线与手爪前端面交点处。   （ ）

4. 综合应用题

（1）简述码垛机器人与搬运机器人的异同点。

（2）图6-11所示为某食品包装流水生产线，主要由产品生产供给线、小箱输送包装线和大箱输送包装线等部分构成。依图画出A位置码垛运动轨迹示意图。

（3）依图并结合A点位置示教过程完成表6-3（示教表）（请在相应选项下打"√"或选择序号阴影部分为码垛机器人原点，产品外观尺寸为1 800 mm×1 200 mm×30 mm，托盘尺寸为3 600 mm×3 000 mm×20 mm）。

图6-11 食品包装流水生产线

表6-3 示教表

程序点	搬运作业		插补方式	
	作业点	① 原点；② 中间点；③ 规避点；④ 临近点	PTP	直线插补
程序点1				
程序点2				
程序点3				

程序点	搬运作业		插补方式	
	作业点	① 原点；② 中间点；③ 规避点；④ 临近点	PTP	直线插补
程序点 4				
程序点 5				
程序点 6				
程序点 7				
程序点 8				
程序点 9				
程序点 10				
程序点 11				
程序点 12				
程序点 13				

项目7　焊接机器人及其操作应用

章节目录

7.1 任务一　认识焊接机器人

　　7.1.1　点焊机器人

　　7.1.2　弧焊机器人

　　7.1.3　激光焊机器人

7.2 任务二　焊接机器人的作业示教

　　7.2.1　点焊作业

　　7.2.2　熔焊作业

课前回顾

码垛机器人如何进行码垛作业？

码垛机器人有哪些周边设备？叙述其功用。

学习目标

　　认知目标：

了解焊接机器人的分类及特点；

掌握焊接机器人的系统基本组成；

熟悉焊接机器人作业示教的基本流程；

熟悉焊接机器人典型周边设备与布局。

　　能力目标：

能够识别常见焊接机器人工作站的基本构成；

能够进行焊接机器人的简单弧焊和点焊作业示教。

导入案例

国内首条具有完全自主知识产权的智能化工业机器人焊接自动化生产线成功投入运行。

随着机器人和数字制造技术的发展，以人工智能为代表的智能技术和机器人为代表的智能装备日益广泛应用，以加工和制造为基础的劳动密集型产业模式逐渐被淘汰，使得全球技术要素与市场要素的配置方式发生革命性变化。

2011年，国家战略性新兴产业启动"基于工业机器人的汽车焊接自动化生产线"项目，重点支持安徽埃夫特智能装备有限公司、奇瑞汽车股份有限公司、哈尔滨工业大学、中国科学院自动化研究所、北京航空航天大学等单位联合研制的项目，并首次在奇瑞汽车焊接生产线上示范应用，该生产线能够实现4平台、6种以上车型的白车身柔性化生产，生产线节拍达到100秒/车。

课堂认知

7.1 任务一 认识焊接机器人

使用机器人完成一项焊接任务只需要操作者对它进行一次示教，随后机器人即可精确地再现示教的每一步操作。如让机器人去做另一项工作，无须改变任何硬件，只要对它再做一次示教即可。其主要优点有：

(1) 稳定和提高焊接质量，保证其均匀性；

(2) 提高劳动生产率，一天可 24 小时连续生产；

(3) 改善工人劳动条件，机器人可在有害环境下工作；

(4) 降低对工人操作技术的要求；

(5) 缩短产品改型换代的准备周期，减少相应的设备投资；

(6) 可实现小批量产品的焊接自动化；

(7) 能在空间站建设、核电站维修、深水焊接等极限条件下完成人工难以进行的焊接作业；

(8) 为焊接柔性生产线提供技术基础。

世界各国生产的焊接用机器人基本上都属关节型机器人，绝大部分有 6 个轴，目前焊接机器人应用中比较普遍的主要有 3 种：点焊机器人、弧焊机器人和激光焊接机器人，如图 7 - 1 所示。

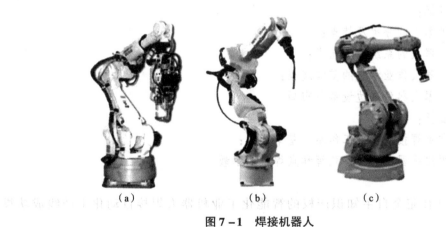

(a)　　　　　　　　(b)　　　　　　　　(c)

图 7 - 1　焊接机器人

(a) 点焊机器人；(b) 弧焊机器人；(c) 激光焊接机器人

1. 点焊机器人

点焊机器人是用于点焊自动作业的工业机器人，其末端持握的作业工具是焊钳。实际上，工业机器人在焊接领域的应用最早是从汽车装配生产线上的电阻点焊开始的，如图 7 - 2 所示。

最初，点焊机器人只用于增强焊作业，即往已拼接好的工件上增加焊点。后来，为保证拼接精度，又让机器人完成定位焊作业，如图 7 - 3 所示。

点焊机器人逐渐被要求具备更全的作业性能，点焊机器人不仅要有足够的负载能力，而且在点与点之间移位时速度要快捷，动作要平稳，定位要准确，以减少移位的时间，提高工作效率。具体来说如下：

图 7 - 2　机器人车身点焊作业

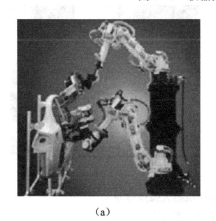　　　　　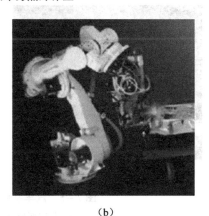

（a）　　　　　　　　　　　　　　（b）

图 7 - 3　汽车车门的机器人点焊作业

（a）车门框架定位焊；（b）车门框架增强焊

（1）安装面积小，工作空间大；

（2）快速完成小节距的多点定位（如每 0.3 ~ 0.4 s 移动 30 ~ 50 mm 节距后定位）；

（3）定位精度高（±0.25 mm），以确保焊接质量；

（4）持重大（50 ~ 150 kg），以便携带内装变压器的焊钳；

（5）内存容量大，示教简单，节省工时；

（6）点焊速度与生产线速度相匹配，同时安全可靠性好。

2. 弧焊机器人

弧焊机器人是用于弧焊（主要有熔化极气体保护焊和非熔化极气体保护焊）自动作业的工业机器人，其末端持握的工具是焊枪。事实上，弧焊过程比点焊过程要复杂得多，被焊工件由于局部加热熔化和冷却产生变形，焊缝轨迹会发生变化。因此，焊接机器人并不是一开始就用于电弧焊作业，而是伴随焊接传感器的开发及其在焊接机器人中的应用，使机器人弧焊作业的焊缝跟踪与控制问题得到有效解决。弧焊机器人如图 7 - 4 所示。

（a）　　　　　　　　　　　　　（b）

图 7-4　弧焊机器人

　　焊接机器人在汽车制造中的应用也相继从原来比较单一的汽车装配点焊很快发展为汽车零部件及其装配过程中的电弧焊，如图 7-5 所示。

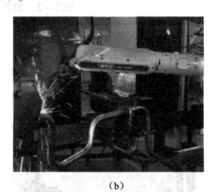

（a）　　　　　　　　　　　　　（b）

图 7-5　汽车零部件的机器人弧焊作业

（a）焊接座椅支架；（b）焊接消音器

　　弧焊工艺早已在诸多行业中得到普及，使得弧焊机器人在通用机械、金属结构等许多行业中得到广泛运用，如图 7-6 所示。

图 7-6　工程机械的机器人弧焊作业

为适应弧焊作业，对弧焊机器人的性能有着特殊的要求。除在运动过程中速度的稳定性和轨迹精度是两项重要指标。其他性能如下：

（1）能够通过示教器设定焊接条件（电流、电压、速度等）；

（2）摆动功能；

（3）坡口填充功能；

（4）焊接异常功能检测；

（5）焊接传感器（焊接起始点检测、焊缝跟踪）的接口功能。

3. 激光焊机器人

激光焊机器人是用于激光焊自动作业的工业机器人，通过高精度工业机器人实现更加柔性的激光加工作业，其末端持握的工具是激光加工头。激光加工头具有最小的热输入量，产生极小的热影响区，在显著提高焊接产品品质的同时，降低了后续工作的时间，如图 7 - 7 所示。汽车车身的激光焊接作业如图 7 - 8 所示。

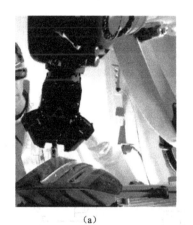 

（a） （b）

图 7 - 7 激光加工机器人

（a）激光焊机器人；（b）激光切割机器人

图 7 - 8 汽车车身的激光焊作业

激光焊接成为一种成熟的无接触的焊接方式已经多年，极高的能量密度使得高速加工和低热输入量成为可能。与机器人电弧焊相比，机器人激光焊对焊缝跟踪精度要求更高。基本性能要求如下：

（1）高精度轨迹（≤0.1 mm）；

（2）持重大（30~50 kg），以便携带激光加工头；

（3）可与激光器进行高速通信；

（4）机械臂刚性好，工作范围大；

（5）具备良好的振动抑制和控制修正功能。

7.1.1　点焊机器人

点焊机器人主要由操作机、控制系统和点焊焊接系统等组成，如图7-9所示。

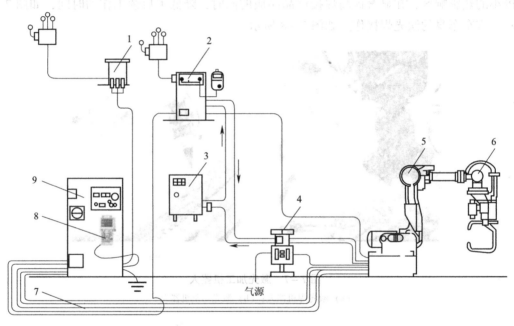

图7-9　焊接机器人的系统组成

1—机器人变压器；2—焊接控制器；3—水冷机；4—气水管路组合体；5—操作机；
6—焊钳；7—供电及控制电缆；8—示教器；9—控制柜

点焊机器人本体多为关节型6自由度，驱动方式主要为液压驱动和电气驱动。控制系统由本体控制和焊接控制两部分组成，点焊焊接系统主要由点焊控制器（时控器）、焊钳（含阻焊变压器）及水、电、气等辅助部分组成。机器人点焊用焊钳从外形结构上有C形和X形两种。C形焊钳用于点焊及近于垂直倾斜位置的焊点；X形焊钳则主要用于点焊及近于水平倾斜，如图7-10所示。

按电极臂加压驱动方式分类，点焊机器人焊钳分为气动焊钳和伺服焊钳两种，如图7-11所示。气动焊钳利用气缸来加压，可具有2~3个行程，能够使电极完成大开、小开和闭合3个动作，电极压力一旦调顶不能随意变化，目前比较常用。伺服焊钳采用伺服电动机驱动完成焊钳的张开和闭合，焊钳张开度可任意选定并预置，且电极间的压紧力可无级调节。

（a）　　　　　　　　　　　　　　　（b）

图 7 - 10　点焊机器人焊钳（外形结构）

（a）C 形焊钳；（b）X 形焊钳

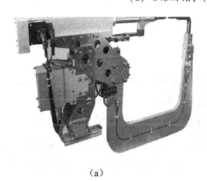 

（a）　　　　　　　　　　　　　　　（b）

图 7 - 11　焊钳

（a）气动焊钳；（b）伺服焊钳

伺服焊钳与气动焊钳相比，具有提高工件的表面质量、提高生产效率、改善工作环境等优点。

依据阻焊变压器与焊钳的结构关系，点焊机器人焊钳可分为分离式、内藏式和一体式 3 种。

分离式焊钳阻焊变压器与钳体相分离，两者之间用二次电缆相连，如图 7 - 12 所示。

优点：减小了机器人的负载，运动速度高，价格便宜。

缺点：需要大容量的阻焊变压器，电力损耗较大，能源利用率低。二次电缆存在限制了点焊工作区间与焊接位置的选择。

内藏式焊钳是将阻焊变压器安放到机器人机械臂内，变压器的二次电缆可在内部移动，如图 7 - 13 所示。

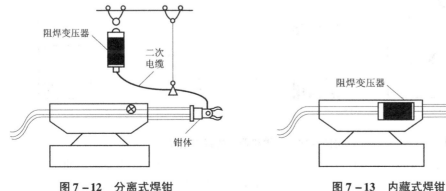

图 7 - 12　分离式焊钳　　　　　　　　　**图 7 - 13　内藏式焊钳**

优点：二次电缆较短，变压器的容量减小。

缺点：机器人本体的设计变得复杂。

一体式焊钳是将阻焊变压器和钳体安装在一起，共同固定在机器人机械臂末端执行机构内，如图 7 – 14 所示。

优点：省掉二次电缆及悬挂变压器的工作架，节省能量。

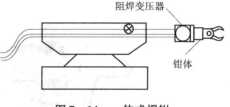

图 7 – 14　一体式焊钳

缺点：焊钳重量显著增大，体积变大，焊钳重量在机器人活动手腕上产生惯性力易引起过载。

按照焊钳的变压器形式，点焊机器人焊钳又可分为中频焊钳和工频焊钳。中频焊钳相对于工频焊钳有以下优点：

（1）直流焊接；

（2）焊接变压器小型化；

（3）提高电流控制的响应速度，实现工频电阻焊机无法实现的焊接工艺；

（4）三相平衡负载，降低了电网成本；功率因数高，节能效果好。

综上，点焊机器人焊钳主要以驱动和控制相互组合，可以采用工频气动式、工频伺服式、中频气动式、中频伺服式。这几种形式各有特点，从技术优势和发展趋势来看，中频伺服机器人焊钳应是未来的主流，它集中了中频直流点焊和伺服驱动的优势，是其他形式无法比拟的。

7.1.2　弧焊机器人

弧焊机器人的组成与点焊机器人基本相同，主要由操作机、控制系统、弧焊系统和安全设备等组成，如图 7 – 15 所示。

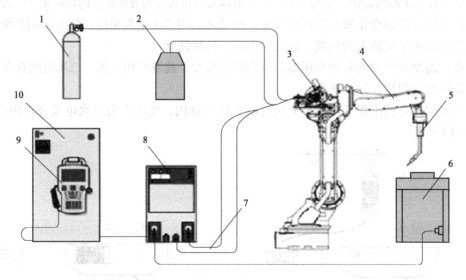

图 7 – 15　弧焊机器人的系统组成

1—气瓶；2—焊丝桶；3—送丝机；4—操作机；5—焊枪；6—工作台；7—供电及控制电缆；

8—弧焊电源；9—示教器；10—机器人控制柜

弧焊机器人操作机的结构与点焊机器人基本相似，主要区别在于末端执行器——焊枪，如图 7 – 16 所示。

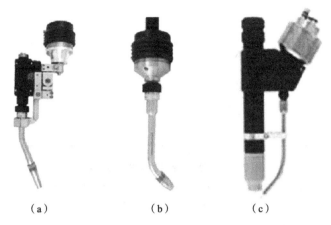

| （a） | （b） | （c） |

图 7 – 16　弧焊机器人的焊枪

弧焊机器人控制系统在控制原理、功能及组成上与通用工业机器人基本相同。目前最流行的是采用分级控制的系统结构，一般分为两级：上级具有存储单元，可实现重复编程、存储多种操作程序，负责管理、坐标变换、轨迹生成等；下级由若干处理器组成，每一处理器负责一个关节的动作控制及状态检测，实时性好，易于实现高速、高精度控制。

弧焊系统是完成弧焊作业的核心装备，主要由弧焊电源、送丝机、焊枪和气瓶等组成。弧焊机器人多采用气体保护焊方法（CO_2、MIG、MAG 和 TIG），通常的晶闸管式、逆变式、波形控制式、脉冲或非脉冲式等焊接电源都可以装到机器人上做电弧焊。由于机器人控制柜采用数字控制，而焊接电源多为模拟控制，所以需要在焊接电源与控制柜之间加一个接口，如 FANUC 弧焊机器人采用美国 LINCOLN 电源。

安全设备是弧焊机器人系统安全运行的重要保障，主要包括驱动系统过热自断电保护、动作超限位自断电保护、超速自断电保护、机器人系统工作空间干涉自断电保护和人工急停断电保护等，它们起到防止机器人伤人或保护周边设备的作用。在机器人的末端焊枪上还装有各类触觉或接近传感器，可以使机器人在过分接近工件或发生碰撞时停止工作。当发生碰撞时，一定要检验焊枪是否被碰歪，以防工具中心点发生变化。

7.1.3　激光焊机器人

机器人是高度柔性的加工系统，这就要求激光器必须具有高度的柔性，目前激光焊接机器人都选用可光纤传输的激光器（如固体激光器、半导体激光器、光纤激光器等）。在机器人手臂的夹持下，其运动由机器人的运动决定，因此能匹配完全的自由轨迹加工，完成平面曲线、空间的多组直线、异形曲线等特殊轨迹的激光焊接。

智能化激光加工机器人主要由以下几部分组成，如图 7 – 17 所示：

（1）大功率可光纤传输激光器；

（2）光纤耦合和传输系统；

（3）激光光束变换光学系统；

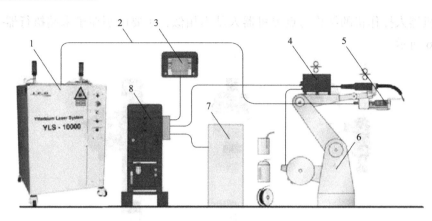

图7-17 激光焊机器人的系统组成

1—激光器；2—光导系统；3—遥控盒；4—送丝机；5—激光加工头；
6—操作机；7—机器人控制柜；8—焊接电源

（4）六自由度机器人本体；

（5）机器人数字控制系统（控制器、示教器）；

（6）激光加工头；

（7）材料进给系统（高压气体、送丝机、送粉器）；

（8）焊缝跟踪系统（包括视觉传感器、图像处理单元、伺服控制单元、运动执行机构及专用电缆等）；

（9）焊接质量检测系统（包括视觉传感器、图像处理单元、缺陷识别系统及专用电缆等）。

激光加工头装于六自由度机器人本体手臂末端，其运动轨迹和激光加工参数是由机器人数字控制系统提供指令而进行的。根据用途不同（切割、焊接、熔覆）应选择不同的激光加工头，如图7-18所示。

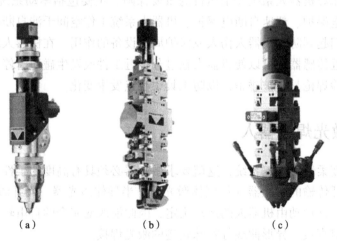

（a）　　　　　　　　（b）　　　　　　　　（c）

图7-18 激光加工头

综上，焊接机器人主要包括机器人和焊接设备两部分。机器人由机器人本体和控制柜（硬件及软件）组成。而焊接装备，以弧焊及点焊为例，则由焊接电源（包括其控制系统）、送丝机（弧焊）、焊枪（焊钳）等部分组成。

7.2 任务二 焊接机器人的作业示教

7.2.1 点焊作业

点焊是最广为人知的电阻焊接工艺，通常用于板材焊接。焊接限于一个或几个点，将工件互相重叠。点焊作业如图7-19所示。

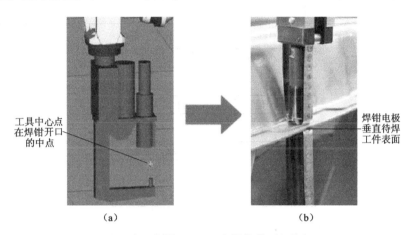

工具中心点在焊钳开口的中点

焊钳电极垂直待焊工件表面

（a）   （b）

图7-19 点焊作业

（a）工具中心点设定；（b）焊接作业姿态

TCP点确定：对点焊机器人而言，其一般设在焊钳开口的中点处，且要求焊钳两电极垂直于被焊工件表面。

以图7-20工件焊接为例，它是采用在线示教方式为机器人输入两块薄板（板厚2 mm）的点焊作业程序。此程序由编号1至5的5个程序点组成。本例中使用气动焊钳，通过气缸来实现焊钳的大开、小开和闭合三种动作。

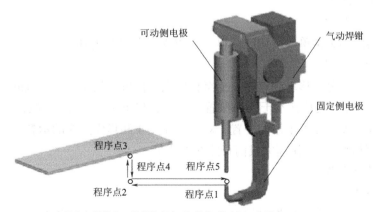

可动侧电极   气动焊钳

固定侧电极

程序点3

程序点4   程序点5

程序点2   程序点1

▲为提高工作效率，通常将程序5和程序1设在同一位置

图7-20 点焊机器人运动轨迹

程序点说明见表7－1。点焊作业流程，如图7－21所示。

表7－1　程序点说明

程序点	说明	焊钳动作
程序点1	机器人原点	
程序点2	作业临近点	大开→小开
程序点3	点焊作业点	小开→闭合
程序点4	作业临近点	闭合→小开
程序点5	机器人原点	小开→大开

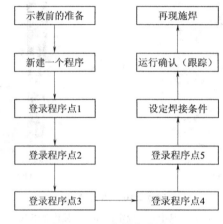

图7－21　点焊作业流程

（1）示教前的准备。

① 工件表面清理。

② 工件装夹。

③ 安全确认。

④ 机器人原点确认。

（2）新建作业程序。

点按示教器的相关菜单或按钮，新建一个作业程序"Spot_sheet"。

（3）程序点的登录。

手动操纵机器人分别移动到程序点1至程序点5位置。处于待机位置的程序点1和程序点5，要处于与工件、夹具互不干涉的位置。另外，机器人末端工具在各程序点间移动时，也要处于与工件、夹具互不干涉的位置。对于程序点4和程序点5的示教，利用便利的文件编辑功能（逆序粘贴），可快速完成前行路线的拷贝。

（4）设定作业条件。

设定焊钳条件等。

焊钳条件的设定主要包括焊钳号、焊钳类型，设定焊接条件点焊时的焊接电源和焊接时间，需在焊机上设定。点焊作业条件见表7－2。

表 7 - 2 点焊作业条件

板厚/mm	大电流—短时间			小电流—长时间		
	时间/周期	压力/N	电流/A	时间/周期	压力/N	电流/A
1.0	10	225	8 800	36	75	5 600
2.0	20	470	13 000	64	150	8 000
3.0	32	820	17 400	105	260	10 000

（5）检查试运行。

为确认示教的轨迹，需测试运行（跟踪）一下程序。跟踪时，因不执行具体作业命令，所以能进行空运行。

① 打开要测试的程序文件。

② 移动光标至期望跟踪程序点所在命令行。

③ 持续按住示教器上的有关【跟踪功能键】，实现机器人的单步或连续运转。

（6）再现施焊。

轨迹经测试无误后，将【模式旋钮】对准"再现/自动"位置，开始进行实际焊接。在确认机器人的运行范围内没有其他人员或障碍物后，接通保护气体，采用手动或自动方式实现自动点焊作业。

① 点开要再现的作业程序，并移动光标到程序开头。

② 切换【模式旋钮】至"再现/自动"状态。

③ 按示教器上的【伺服 ON 按钮】，接通伺服电源。

④ 按【启动按钮】，机器人开始运行。

7.2.2 熔焊作业

熔焊又叫熔化焊，是在不施加压力的情况下，将待焊处的母材加热熔化，外加（或不加）填充材料，以形成焊缝的一种最常见的焊接方法。目前，工业机器人四巨头都有相应的机器人产品，这些专业软件提供功能强大的弧焊指令，且都有相应的商业化应用软件：ABB 的 RobotWare - Arc，KUKA 的 KUKA. ArcTech、KUKA. LaserTech、KUKA. SeamTech、KUKATouchSense，FANUC 的 Arc Tool Softwar，可快速地将熔焊（电弧焊和激光焊）投入运行和编制焊接程序，并具有接触传感、焊缝跟踪等功能。工业机器人四大厂家弧焊作业编辑命令见表 7 - 3。

表 7 - 3 工业机器人四大厂家弧焊作业编辑命令

类别	弧焊作业命令			
	ABB	FANUC	YASKAWA	KUKA
焊接开始	ArcLStart/ArcCStart	Arc Start	ARCON	ARC_ON
焊接结束	ArcLEnd/ArcCEnd	Arc End	ARCOF	ARC_OFF

1. TCP 点确定

同点焊机器人 TCP 设置有所不同，弧焊机器人 TCP 一般设置在焊枪尖头（图 7-22），而激光焊接机器人 TCP 设置在激光焦点上。

实际作业时，需根据作业位置和板厚调整焊枪角度。以平（角）焊为例，主要采用前倾角焊（前进焊）和后倾角焊（后退焊）两种方式，如图 7-23 所示。

板厚相同的话，基本上为 10~25°，焊枪立得太直或太斜的话，难以产生熔深。前倾角焊接时，焊枪指向待焊部位，焊枪在焊丝后面移动，因电弧具有预热效果，焊接速度较快，熔深浅、焊道宽，所以一般薄板的焊接采用此法；而后倾角焊接时，焊枪指向已完成的焊缝，焊枪在焊丝前面移动，能够获得较大的熔深，焊道窄，通常用于厚板的焊接。同时，在板对板的连接之中，焊枪与坡口垂直。对于对称的平角焊而言，焊枪要与拐角成 45°角，如图 7-24 所示。

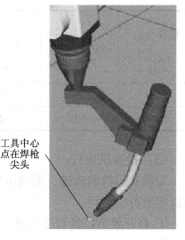

工具中心点在焊枪尖头

图 7-22　弧焊机器人工具中心点

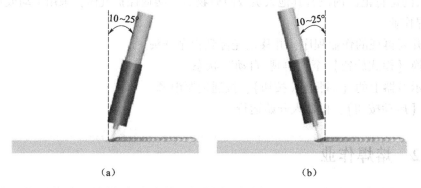

（a）　　　　　　　　　　　　（b）

图 7-23　前倾角焊和后倾角焊

（a）前倾角焊；（b）后倾角焊

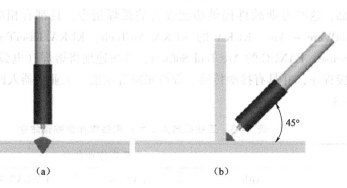

（a）　　　　　　　　　　　　（b）

图 7-24　焊枪作业姿态

（a）I 形接头对焊；（b）T 形接头平角焊

机器人进行熔焊作业主要涉及以直线、圆弧及其附加摆动功能动作类型。

（1）直线作业：机器人完成直线焊缝的焊接仅需示教两个程序点（直线的两端点），插补方式选"直线插补"。

以图7-25所示的运动轨迹为例，程序点1至程序点4间的运动均为直线移动，且程序点2→程序点3为焊接区间。

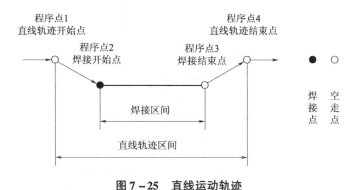

图7-25 直线运动轨迹

（2）圆弧作业：机器人完成弧形焊缝的焊接通常需示教3个以上程序点（圆弧开始点、圆弧中间点和圆弧结束点），插补方式选"圆弧插补"。当只有一个圆弧时，用"圆弧插补"示教程序点2至4三点即可。用"PTP"或"直线插补"示教进入圆弧插补前的程序点1时，程序点1至程序点2自动按直线轨迹运动，如图7-26所示。

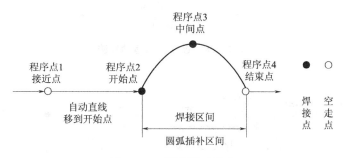

图7-26 圆弧运动轨迹

2. 示教整个圆

（1）用"圆弧插补"示教程序点2至程序点5四点。同单一圆弧示教类似，用"PTP"或"直线插补"示教进入圆弧插补前的程序点1时，程序点1→程序点2自动按直线轨迹运动。当存在多个圆弧中间点时，机器人将通过当前程序点和后面2个临近程序点来计算和生成圆弧轨迹。只有在圆弧插补区间临结束时才使用当前程序点、上一临近程序点和下一临近程序点。整圆运动轨迹如图7-27所示。

（2）示教连续圆弧轨迹时，通常需要执行圆弧分离，即在前圆弧与后圆弧的连接点的相同位置加入"PTP"或"直线插补"的程序点，如图7-28所示。

（3）附加摆动机器人完成直线/环形焊缝的摆动焊接一般需要增加1~2个振幅点的示教，如图7-29所示。

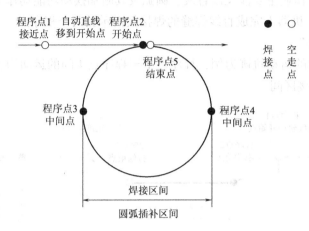

图 7 - 27 整圆运动轨迹

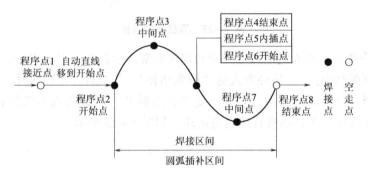

图 7 - 28 连续圆弧运动轨迹

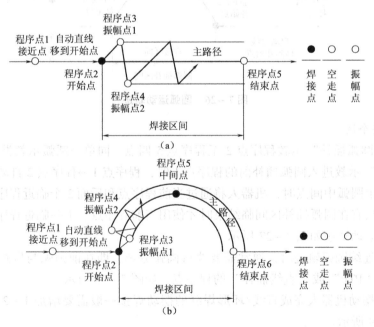

图 7 - 29 焊接机器人的摆动示教

(a) 直线摆动；(b) 圆弧摆动

3. 弧焊机器人作业示教流程

以如下焊接工件为例，采用在线示教方式为机器人输入 AB、CD 两段弧焊作业程序，加强对直线、圆弧的示教，如图 7 – 30 所示。

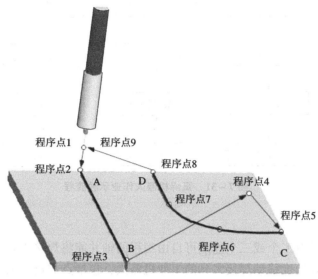

▲ 为提高工作效率，通常将程序点9和程序点1设在同一位置

图 7 – 30　弧焊机器人运动轨迹

（1）示教前的准备。

① 工件表面清理。

② 工件装夹。

③ 安全确认。

④ 机器人原点确认。

（2）新建作业程序。

点按示教器的相关菜单或按钮，新建一个作业程序"Arc_sheet"。

（3）程序点的登录。

手动操纵机器人分别移动到程序点 1 至程序点 9 位置。作业位置附近的程序点 1 和程序点 9，要处于与工件、夹具互不干涉的位置。对于程序点 9 的示教，利用便利的文件编辑功能（复制），可快速完成程序点 1 的拷贝。

程序点说明见表 7 – 4。

弧焊机器人作业示教流程如图 7 – 31 所示。

表 7 – 4　程序点说明

程序点	说明	程序点	说明	程序点	说明
程序点1	作业临近点	程序点4	作业过渡点	程序点7	焊接中间点
程序点2	焊接开始点	程序点5	焊接开始点	程序点8	焊接结束点
程序点3	焊接结束点	程序点6	焊接中间点	程序点9	作业临近点

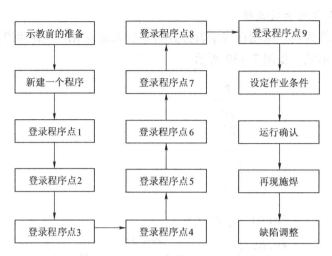

图 7 - 31 弧焊机器人作业示教流程

本 章 小 结

焊接机器人是具有三个或三个以上可自由编程的轴并能将焊接工具按要求送到预定空间位置，按要求轨迹及速度移动焊接工具的工业机器人，包括点焊机器人、弧焊机器人和激光焊机器人等。

焊接机器人主要包括机器人和焊接设备两部分。机器人由机器人本体和控制柜组成。为满足实际作业需求，通常将焊接机器人与周边设备组成的系统称之为焊接机器人集成系统。工作站的工位布局可采用单工位、双工位等多种形式。

焊接机器人作为工业机器人家族的一员，其作业编程无外乎运动轨迹、作业条件和作业顺序的示教。对于点焊作业而言，其机器人控制点（TCP）在焊钳开口的中心处，作业时要求焊钳两电极垂直于被焊工件表面；而对于熔焊来说，其机器人控制点在焊枪尖头或激光焦点上作业时根据被焊工件的厚度及工艺要求，选用前倾角焊或后倾角焊。

任 务 工 单

1. 填空题

（1）世界各国生产的焊接用机器人基本上都属_____机器人，绝大部分有6个轴。其中，1、2、3轴可将末端焊接工具送到不同的空间位置，而4、5、6轴解决末端工具姿态的不同要求。

（2）点焊机器人焊钳按外形结构划分，可分为_____焊钳和 X 形焊钳；按电极臂加压驱动方式又可分为气动焊钳和_____。

（3）图 7 - 32 所示为_____焊钳、机器人系统组成示意图。其中，1 表示_____，3 表示_____，4 表示_____，5 表示_____，6 表示_____，7 表示_____。

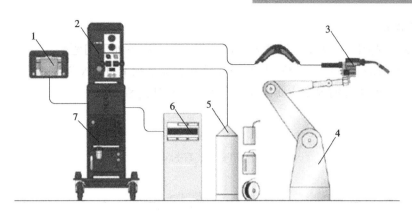

图7-32

（4）图7-33所示为某高压开关柜的焊接机器人工作站。该工作站的工位布局属于_____轴工位型。

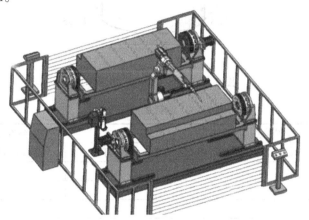

图7-33 高压开关柜的焊接机器人工作站

2. 选择题

（1）通常所说的焊接机器人主要指的是（　　　）。

① 点焊机器人；② 弧焊机器人；③ 等离子焊机器人；④ 激光焊机器人

A. ①②　　　　　B. ①②④　　　　　C. ①③　　　　　D. ①②③④

（2）智能化激光加工机器人主要由以下哪几部分组成？（　　　）

① 激光器；② 光导系统；③ 机器人及其控制系统；④ 激光加工头；⑤ 质量检测系统

A. ①②④⑤　　　B. ①②③　　　　　C. ①③④⑤　　　D. ①②③④⑤

（3）焊接机器人的常见周边辅助设备主要有（　　　）。

① 变位机；② 滑移平台；③ 清枪装置；④ 工具快换装置

A. ①②　　　　　B. ①②③　　　　　C. ①③　　　　　D. ①②③④

3. 判断题

（1）焊接机器人其实就是在焊接生产领域代替焊工从事焊接任务的工业机器人。（　　　）

（2）一个完整的点焊机器人系统由操作机、控制系统和点焊焊接系统几部分组成。（　　　）

（3）点焊机器人的工具中心点（TCP）通常设在焊钳开口中心点，弧焊机器人TCP设在焊枪尖头，激光焊接机器人TCP设在激光加工头顶端。（　　　）

4. 综合应用题

用机器人完成图 7-34 所示圆弧轨迹的熔焊作业，回答如下问题：

（1）结合具体示教过程，填写表 7-5（请在相应选项下打 "√"）。

（2）熔焊作业条件的设定主要涉及哪些？简述操作过程。

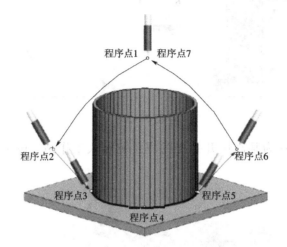

图 7-34　圆弧轨迹的熔焊作业

表 7-5　圆弧轨迹作业示教

程序点	焊接点/空走点		插补方式		
	焊接点	空走点	PTP	直线插补	圆弧插补
程序点 1					
程序点 2					
程序点 3					
程序点 4					
程序点 5					
程序点 6					
程序点 7					

尝试用机器人在试板表面堆焊，如图 7-35 所示（二选一）。

（a）　　　　　　　　　　　　（b）

图 7-35　堆焊

（a）堆焊图案 1；（b）堆焊图案 2

项目 8　涂装机器人及其操作应用

章节目录

8.1 任务一　认识涂装机器人

　　8.1.1　涂装机器人的系统组成

　　8.1.2　涂装机器人的作业示教

课前回顾

简述点焊机器人的简单作业编程。

简述弧焊机器人与点焊机器人的作业编程有何区别。

学习目标

　　认知目标：

了解涂装机器人的分类及特点。

掌握涂装机器人的系统基本组成。

熟悉涂装机器人作业示教的基本流程。

熟悉涂装机器人典型周边设备与布局。

　　能力目标：

能够识别涂装机器人工作站的基本构成。

能够进行涂装机器人的简单作业示教。

导入案例

杜尔公司在中国成功安装第 7 000 台机器人

杜尔公司的第二代涂装机器人 EcoRP E32/33 的首次亮相是在 2005 年 9 月，此后不久，该机器人就在正式生产中显示了它非凡的实力。

2013 年，杜尔在中国为长安福特建设两个涂装车间，长安福特的重庆涂装车间主要依赖于福特成熟的、高效节能的三湿高固工艺，该工艺对涂装技术提出了严格的要求，杜尔 RoDip 技术能提供到 2013 年为止最好的防腐保护，在帮助工厂节省空间和材料的同时，很好地实现了绿色涂装。

课堂认知

8.1 任务一　认识涂装机器人

涂装机器人作为一种典型的涂装自动化装备，涂装机器人与传统的机械涂装相比，具有以下优点：

（1）最大限度提高涂料的利用率、降低涂装过程中的 VOC（有害挥发性有机物）排放量；

（2）显著提高喷枪的运动速度，缩短生产节拍，效率显著高于传统的机械涂装；

（3）柔性强，能够适应于多品种、小批量的涂装任务；

（4）能够精确保证涂装工艺的一致性，获得较高质量的涂装产品；

（5）与高速旋杯经典涂装站相比可以减少 30% ~ 40% 的喷枪数量，降低系统故障概率和维护成本。

国内外的涂装机器人大多数从构型上仍采取与通用工业机器人相似的 5 或 6 自由度串联关节式机器人，在其末端加装自动喷枪。按照手腕构型划分，涂装机器人主要有球形手腕涂装机器人和非球形手腕涂装机器人，如图 8 – 1 所示。

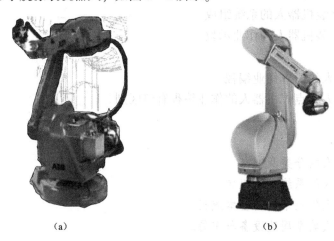

（a）　　　　　　　　　　　　（b）

图 8 – 1　涂装机器人

（a）球形手腕涂装机器人；（b）非球形手腕涂装机器人

1. 球形手腕涂装机器人

球形手腕涂装机器人与通用工业机器人手腕构型类似，手腕的三个关节轴线相交于一点。目前绝大多数商用机器人采用的是 Bendix 手腕，如图 8 – 2 所示。

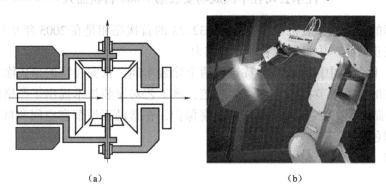

（a）　　　　　　　　　　　　（b）

图 8 – 2　Bendix 手腕结构及涂装机器人

（a）Bendix 手腕结构；（b）采用 Bendix 手腕的涂装机器人

2. 非球形手腕涂装机器人

非球形手腕涂装机器人手腕的 3 个轴线并非如球形手腕机器人一样相交于一点，而是相交于两点。根据相邻轴线的位置关系又可分为正交非球形手腕和斜交非球形手腕两种形式。

（1）正交非球形手腕相邻轴线夹角为90°。

（2）斜交非球形手腕相邻两轴线不垂直，而是成一定的角度。

涂装作业环境充满了易燃、易爆的有害挥发性有机物，除了要求涂装机器人具有出色的重复定位精度和循径能力及对其防爆性能有较高的要求外，仍有如下特殊的要求：

（1）能够通过示教器方便地设定流量、雾化气压、喷幅气压以及静电量等涂装参数；

（2）具有供漆系统，能够方便地进行换色、混色，确保高质量、高精度的工艺调节；

（3）具有多种安装方式，如落地、倒置、角度安装和壁挂；

（4）能够与转台、滑台、输送链等一系列的工艺辅助设备轻松集成；

（5）结构紧凑，方便减少喷房尺寸，降低通风要求。

8.1.1　涂装机器人的系统组成

典型的涂装机器人工作站主要由涂装机器人、机器人控制系统、供漆系统、自动喷枪/旋杯、喷房、防爆吹扫系统等组成，如图8-3所示。

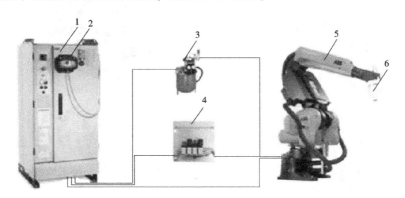

图 8-3　涂装机器人系统组成

1—机器人控制柜；2—示教器；3—供漆系统；4—防爆吹扫系统；

5—涂装机器人；6—自动喷枪/旋杯

1. 涂装机器人

涂装机器人与普通工业机器人相比，操作机在结构方面的差别除了球形手腕与非球形手腕外（图8-4），主要是防爆、油漆及空气管路和喷枪的布置导致的差异，其特点有：

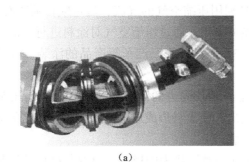
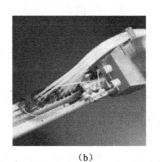

（a）　　　　　　　　　　　　　　（b）

图 8-4　涂装机器人手腕

（a）柔性中空手腕；（b）集成于手臂上的涂装工艺系统

（1）一般手臂工作范围宽大，进行涂装作业时可以灵活避障；

（2）手腕一般有 2~3 个自由度，轻巧快速，适合内部狭窄的空间及复杂工件的涂装；

（3）较先进的涂装机器人采用中空手臂和柔性中空手腕。

（4）一般在水平手臂搭载喷漆工艺系统，从而缩短清洗、换色时间，提高生产效率，节约涂料及清洗液。

2. 涂装机器人控制系统

涂装机器人控制系统主要完成本体和涂装工艺控制。本体的控制在控制原理、功能及组成上与通用工业机器人基本相同；喷涂工艺的控制则是对供漆系统的控制。供漆系统主要由涂料单元控制盘、气源、流量调节器、齿轮泵、涂料混合器、换色阀、供漆供气管路及监控管线组成，如图 8 – 5 所示。

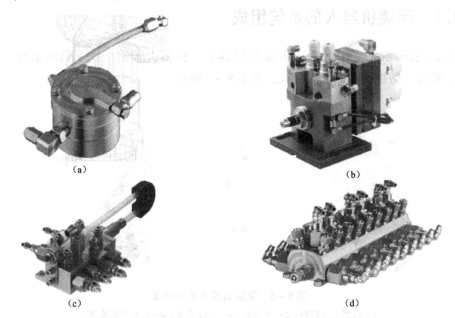

图 8 – 5　涂装系统主要部件
（a）流量调节器；（b）齿轮泵；（c）涂料混合器；（d）换色阀

涂装工艺包括空气涂装、高压无气涂装和静电涂装。静电涂装中的旋杯式静电涂装工艺具有高质量、高效率、节能环保等优点。

（1）空气涂装。所谓空气涂装，就是利用压缩空气的气流，流过喷枪喷嘴孔形成负压，在负压的作用下涂料从吸管吸入，经过喷嘴喷出，通过压缩空气对涂料进行吹散，以达到均匀雾化的效果。空气涂装一般用于家具、3C 产品外壳、汽车等产品的涂装。自动空气喷枪如图 8 – 6 所示。

（2）高压无气涂装。高压无气涂装是一种较先进的涂装方法，其采用增压泵将涂料增至 6~30 MPa 的高压，通过很细的喷孔喷出，使涂料形成扇形雾状，具有较高的涂料传递效率和生产效率，表面质量明显优于空气涂装。

（3）静电涂装。静电涂装一般是以接地的被涂物为阳极，接电源负高压的涂料雾化结构为阴极，使得涂料雾化颗粒上带电荷，通过静电作用，吸附在工件表面。常应用于金属表面或导电性良好且结构复杂，或是球面、圆柱体涂装。静电喷涂所用静电喷枪如图 8 – 7 所示。

图 8 - 6　自动空气喷枪

（a）日本明治 FA100H - P；（b）美国 DEVILBISS T - AGHV；（c）德国 PILOT WA500

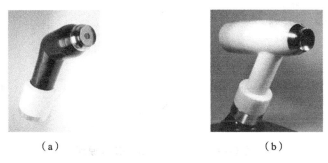

图 8 - 7　静电喷涂所用静电喷枪

（a）ABB 溶剂性涂料高速旋杯式静电喷枪；（b）ABB 水性涂料高速旋杯式静电喷枪

高速旋杯式静电喷枪的工作原理如图 8 - 8 所示。

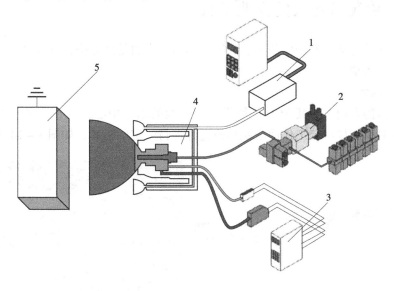

图 8 - 8　高速旋杯式静电喷枪的工作原理

1—供气系统；2—供漆系统；3—高压静电发生系统；4—旋杯；5—工件

3．防爆吹扫系统

防爆吹扫系统主要由危险区域之外的吹扫单元、操作机内部的吹扫传感器、控制柜内的吹扫控制单元三部分组成。

防爆吹扫系统的工作原理：吹扫单元通过柔性软管向包含电气元件的操作机内部施加过压，阻止爆燃性气体进入操作机里面；同时由吹扫控制单元监视操作机内压、喷房气压，当异常状况发生时立即切断操作机伺服电源，如图8-9所示。

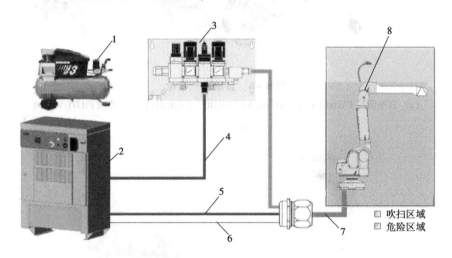

图8-9　防爆吹扫系统的工作原理

1—空气接口；2—控制柜；3—吹扫单元；4—吹扫单元控制电缆；5—操作机控制电缆；
6—吹扫传感器控制电缆；7—软管；8—吹扫传感器

8.1.2　涂装机器人的作业示教

涂装是一种较为常用的表面防腐、装饰、防污的表面处理方法，其规则之一需要喷枪在工件表面做往复运动。

1. TCP 点确定

对于涂装机器人而言，其 TCP 一般设置在喷枪的末端中心，且在涂装作业中，高速旋杯的端面要相对于工件涂装工作面走蛇形轨迹并保持一定的距离，如图8-10所示。

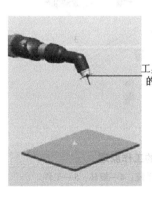

（a）

（b）

图8-10　喷涂机器人 TCP 和喷枪作业姿态

（a）工具中心点的确定；（b）喷枪作业姿态

为达到工件涂层的质量要求，须保证：

（1）旋杯的轴线始终要在工件涂装工作面的法线方向；

（2）旋杯端面到工件涂装工作面的距离要保持稳定，一般保持在 0.2 m 左右；

（3）旋杯涂装轨迹要部分相互重叠（一般搭接宽度为 2/3 ~ 3/4 时较为理想），并保持适当的间距；

（4）涂装机器人应能迎上和跟踪工件传送装置上的工件的运动；

（5）在进行示教编程时，若前臂及手腕有外露的管线，应避免与工件发生干涉。

钢制箱体表面涂装作业，喷枪为高转速旋杯式自动静电涂装机，配合换色阀及涂料混合器完成旋杯打开、关闭进行涂装作业。由 8 个程序点构成涂装机器人运动轨迹如图 8 - 11 所示。

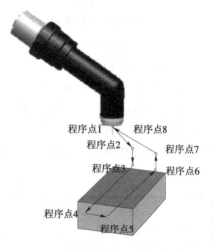

图 8 - 11　涂装机器人运动轨迹示意图

2．作业示教流程

程序点说明见表 8 - 1，涂装机器人作业示教流程如图 8 - 12 所示。

表 8 - 1　程序点说明

程序点	说明	程序点	说明	程序点	说明
程序点1	机器人原点	程序点4	涂装作业中间点	程序点7	作业规避点
程序点2	作业临近点	程序点5	涂装作业中间点	程序点8	机器人原点
程序点3	涂装作业开始点	程序点6	涂装作业结束点		

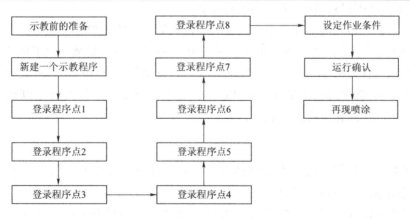

图 8 - 12　涂装机器人作业示教流程

（1）示教前的准备。

①工件表面清理。

②工件装夹。

③安全确认。

④ 机器人原点确认。

（2）新建作业程序。

点按示教器的相关菜单或按钮，新建一个作业程序"Paint_sheet"。

（3）程序点输入。

（4）设定作业条件。

涂装作业条件的登录，主要涉及：设定涂装条件（文件）；涂装次序指令的添加。

涂装条件的设定主要包括涂装流量、雾化气压、喷幅（调扇幅）气压、静电电压以及颜色设置等，如表8-2所示。添加涂装次序指令需在涂装开始，结束点（或各路径的开始、结束点）手动添加涂装次序指令，控制喷枪的开关。

表8-2　涂装条件设定参考值表

工艺条件	搭接宽度	喷幅/mm	枪速/（mm·s^{-1}）	吐出量/（mL·min^{-1}）	旋杯/（kr·min^{-1}）	U静电/kV	空气压力/MPa
参考值	2/3~3/4	300~400	600~800	0~500	20~40	60~90	0.15

（5）检查试运行。

① 打开要测试的程序文件。

② 移动光标到程序开头。

③ 持续按住示教器上的有关【跟踪功能键】，实现机器人的单步或连续运转。

（6）再现涂装。

① 打开要再现的作业程序，并移动光标到程序开头。

② 切换【模式转换】至"再现/自动"状态。

③ 按示教器上的【伺服ON按钮】，接通伺服电源。

④ 按【启动按钮】，机器人开始再现涂装。

综上，涂装机器人的编程搬运、码垛与焊接机器人编程相似，亦是通过示教方式获取运动轨迹上的关键点，然后存入程序的运动指令中。对于大型、复杂曲面工件的编程则更多地采用离线编程，各大机器人厂商对于喷涂作业的离线编程均有相应的商业化软件推出，比如ABB的Robot Studio Paint和Shop Floor Editor，这些离线编程软件工具可以在无须中断生产的前提下，进一步简化编程操作和工艺调整。

✎ 本 章 小 结

喷涂机器人主要包括机器人和自动喷涂设备两部分。机器人由机器人本体和控制柜组成，而自动喷涂设备一般由供漆系统、自动喷枪/旋杯、喷房、防爆吹扫系统等部分组成。为满足实际作业需求，通常将喷涂机器人与周边设备（如机器人行走单元、工件传送及旋转单元、喷枪清理装置、喷漆生产线控制盘等）集合成喷涂机器人工作站，并将多个工作站按照生产工序要求布置成喷涂生产线。喷涂生产线在构型上一般有线形布局和并行盒子布局两种。

喷涂机器人的作业编程无外乎运动轨迹、作业条件和作业顺序的示教。对于喷涂机器人控制点（TCP）一般设在喷枪的末端中心处，在喷涂作业中，自动喷枪的端面要垂直于工件喷涂工作面并相对于工作面保持一定的距离完成蛇形轨迹，其作业编程即为多条直线轨迹的往复示教。

任　务　工　单

1. 填空题

（1）涂装机器人一般具有涂装作业时 _____ 可以灵活避障；手腕一般有 _____ 间及复杂工件的涂装。_____ 个可自由编程的轴；具有较大的运动空间进行 _____ 个自由度，适合内部、狭窄的空间。

（2）目前工业生产应用中较为普遍的涂装机器人按照手腕构型分主要有两种：_____ 涂装机器人和 _____ 涂装机器人，其中手腕机器人更适合用于 _____ 涂装作业。

（3）图 8 – 13 所示为涂装机器人的系统组成。其中，1 表示 _____，2 表示 _____，3 表示 _____，4 表示 _____，5 表示 _____，6 表示 _____，7 表示 _____。

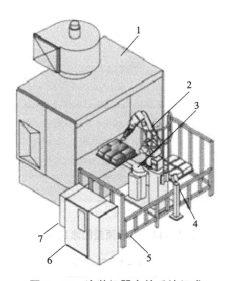

图 8 – 13　涂装机器人的系统组成

2. 选择题

（1）涂装条件的设定一般包括（　　）。

① 涂装流量；② 雾化气压；③ 喷幅（调扇幅）气压；④ 静电电压；⑤ 颜色设置表

A. ①②⑤　　　　B. ①②③⑤　　　　C. ①③　　　　D. ①②③④⑤

（2）柔性涂装单元的工作方式有哪几种？（　　）

① 跟踪模式；② 非协调模式；③ 动/静模式；④ 流动模式

A. ①②④　　　　B. ①②③　　　　C. ①③④　　　　D. ①②③④

（3）涂装机器人的常见周边辅助设备主要有（　　）。

① 机器人行走单元；② 工件传送（旋转）单元；③ 喷漆生产线控制盘；④ 喷枪清理

装置；⑤ 防爆吹扫系统

A．①②⑤   B．①②③   C．①③⑤   D．①②③④

3．判断题

（1）空气涂装更适用于金属表面或导电性良好且结构复杂，或是球面、圆柱体涂装。 （   ）

（2）某汽车生产厂，车型单一，生产节拍稳定，其生产线布局最好选取并行盒子布局来减少投资成本。 （   ）

（3）涂装机器人的工具中心点（TCP）通常设在喷枪的末端中心处。 （   ）

4．综合应用题

用机器人完成图 8－14 所示汽车顶盖的涂装作业，回答如下问题：

（1）结合具体示教过程，填写表 8－3（请在相应选项下打"√"）。

（2）装作业条件的设定主要涉及哪些内容？分别需要在哪个程序点进行设置？

（3）程序点 2 至程序点 24 自动喷枪应当处于何种位姿？

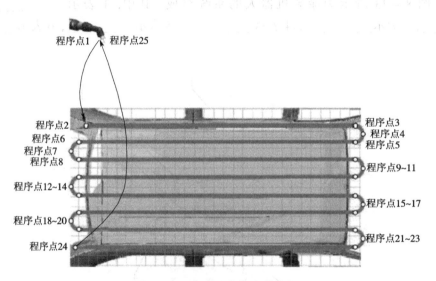

图 8－14　汽车顶盖的涂装作业

表 8－3　示教表

程序点	喷涂作业点/空走点		插补方式		
	作业点	空走点	PTP	直线插补	圆弧插补
程序点 1					
程序点 2					
程序点 3					
程序点 4					
程序点 5					
程序点 6					

程序点	喷涂作业点/空走点		插补方式		
	作业点	空走点	PTP	直线插补	圆弧插补
程序点 7					
程序点 8					
程序点 24					
程序点 25					

项目 9　装配机器人及其操作应用

章节目录

9.1 任务一　认识装配机器人

　　9.1.1　装配机器人的系统组成

　　9.1.2　装配机器人的作业示教

9.2 任务二　装配机器人作业

　　9.2.1　装配机器人螺栓紧固作业

　　9.2.2　装配机器人鼠标装配作业

课前回顾

如何进行涂装机器人的简单作业编程？

简述涂装机器人周边设备有哪些？

学习目标

　　认知目标：

了解装配机器人的分类及特点。

掌握装配机器人的系统组成及其功能。

熟悉装配机器人作业编程的基本流程。

　　能力目标：

能够识别装配机器人工作站的基本构成。

能够进行装配机器人的简单作业示教。

导入案例

机器人助力手表机芯生产线，实现装配自动化。目前，国内某公司正式采用70多台平面关节型装配机器人完成整个机芯的组装，手表部件很轻，通过合理设计夹具，额定负载1 kg的平面关节型装配机器人成为主要装配机器人。其高精度、高速度及低抖动的特性，确保实现机芯机械部件的装配，装螺钉，加机油，焊接晶体并进行安装质量检测。装配机器人与第三方相机也可以很容易完成通信。操作界面简单，便于现场维护人员学习、操作。

课堂认知

9.1 任务一　认识装配机器人

装配机器人是工业生产中用于装配生产线上对零件或部件进行装配的一类工业机器人。作为柔性自动化装配的核心设备具有精度高、工作稳定、柔顺性好、动作迅速等优点。归纳起来，装配机器人的主要优点如下：

（1）操作速度快，加速性能好，缩短工作循环时间；

（2）精度高，具有极高重复定位精度，保证装配精度；

（3）提高生产效率，解放单一繁重体力劳动；

（4）改善工人劳作条件，摆脱有毒、有辐射的装配环境；

（5）可靠性好、适应性强，稳定性高。

装配机器人在不同装配生产线上发挥着强大的装配作用，装配机器人大多由 4～6 轴组成，就目前市场上常见的装配机器人以臂部运动形式分类，可分为直角式装配机器人和关节式装配机器人，如图 9－1 所示。

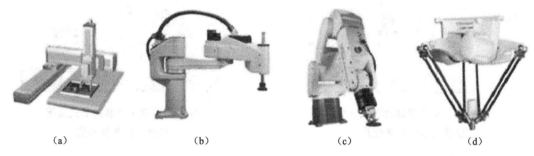

（a）　　　　　　（b）　　　　　　（c）　　　　　　（d）

图 9－1　装配机器人分类

（a）直角式；（b）水平串联关节式；（c）垂直串联关节式；（d）并联关节式

1. 直角式装配机器人

直角式装配机器人亦称单轴机械手，以 XYZ 直角坐标系为基本数学模型，整体结构模块化设计，可用于零部件移送、简单插入、旋扭等作业，广泛运用于节能灯装配、电子类产品装配和液晶屏装配等场合。直角式装配机器人的装配缸体如图 9－2 所示。

图 9－2　直角式装配机器人的装配缸体

2. 关节式装配机器人

关节式装配机器人亦分水平串联关节式、垂直串联关节式和并联关节式，如图 9－1 所示。

（1）水平串联关节式装配机器人亦称为平面关节型装配机器人或 SCARA 机器人，是目前装配生产线上应用数量最多的一类装配机器人。它属于精密型装配机器人，具有速快、精度高、柔性好等特点，驱动多为交流伺服电动机，保证其较高的重复定位精度，广泛运用于电子、机械和轻工业等有关产品的装配，适合工厂柔性化生产需求，如图9-3所示。

（2）垂直串联关节式装配机器人有六个自由度，可在空间任意位置确定任意位姿，面向对象多为三维空间的任意位置和姿势的作业，如图9-4所示。

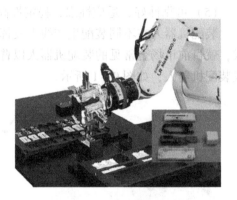

图9-3　水平串联关节式装配
机器人拾放超薄硅片

图9-4　垂直串联关节式装配
机器人组装读卡器

（3）并联式装配机器人亦称拳头机器人、蜘蛛机器人或Detla机器人，是一款轻型、结构紧凑高速装配机器人，可安装在任意倾斜角度上，独特的并联机构可实现快速、敏捷动作且减少了非累积定位误差。其具有小巧高效、安装方便、精准灵敏等优点，广泛运用于IT、电子装配等领域。并联式装配机器人组装键盘如图9-5所示。

目前在装配领域，并联式装配机器人有两种形式可供选择，3轴手腕（合计6轴）和1轴手腕（合计4轴）。

图9-5　并联式装配机器人组装键盘

通常装配机器人本体与搬运、焊接、涂装、装配机器人本体精度制造上有一定的差别，原因在于机器人在完成焊接、涂装作业时，机器人没有与作业对象接触，只需示教机器人运动轨迹即可，而装配机器人需与作业对象直接接触，并进行相应动作；搬运、装配机器人在移动物料时运动轨迹多为开放性，而装配作业是一种约束运动类操作，即装配机器人精度要高于搬运、码垛、焊接和涂装机器人精度。

尽管装配机器人在本体上较其他类型机器人有所区别，但在实际运用中无论是直角式装配机器人还是关节式装配机器人都有如下特性：

①能够实时调节生产节拍和末端执行器动作状态；

②可更换不同末端执行器以适应装配任务的变化，方便、快捷；

③能够与零件供给器、输送装置等辅助设备集成，实现柔性化生产；

④多带有传感器，如视觉传感器、触觉传感器、力传感器等，以保证装配任务的精准性。

9.1.1　装配机器人的系统组成

装配机器人的装配系统主要由操作机，控制系统，装配系统（手爪、气体发生装置、真空发生装置或电动装置），传感系统和安全保护装置组成，如图 9 - 6 所示。

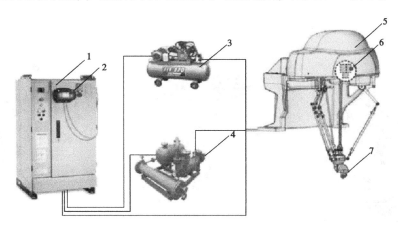

图 9 - 6　装配机器人系统组成

1—机器人控制柜；2—示教器；3—气体发生装置；4—真空发生装置；
5—机器人本体；6—视觉传感器；7—气动手爪

目前市场的装配生产线多以关节式装配机器人中的 SCARA 机器人和并联机器人为主，在小型、精密、垂直装配上，SCARA 机器人具有很大优势。随着社会需求的增大和技术的进步，装配机器人行业亦得到迅速发展，多品种、少批量生产方式和为提高产品质量及生产效率的生产工艺需求，成为推动装配机器人发展的直接动力。四大厂家装配机器人本体如图 9 - 7 所示。

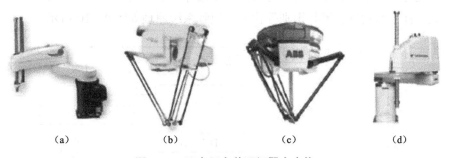

|　(a)　|　(b)　|　(c)　|　(d)　|

图 9 - 7　四大厂家装配机器人本体

（a）KUKA KR 10 SCARAR600；（b）FANUC M - 2IA；（c）ABB IRB 360；（d）YASKAWA MYS85OL

装配机器人的末端执行器是夹持工件移动的一种夹具，类似于搬运、码垛机器人的末端执行器，常见的装配执行器有吸附式、夹钳式、专用式和组合式。

（1）吸附式末端执行器在装配中仅占一小部分，广泛应用于电视、录音机、鼠标等轻小物品装配场合。

（2）夹钳式手爪（图 9 - 8）是装配过程中最常用的一类手爪，多采用气动或伺服电动机驱动，闭环控制配备传感器可实现准确控制手爪启动、停止、转速并对外部信号做出准确反映，具有重量轻、出力大、速度高、惯性小、灵敏度强、转动平滑、力矩稳定等特点。

（3）专用式手爪，如图9-9（a）所示，是在装配中针对某一类装配场合而单独设定的末端执行器，且部分带有磁力，常见的主要是螺钉、螺栓的装配，同样亦多采用气动或伺服电动机驱动。

（4）组合式末端执行器，如图9-9（b）所示，在装配作业中是通过组合获得各单组手爪优势的一类手爪，灵活性较大。多用在机器人进行相互配合装配时，可节约时间、提高效率。

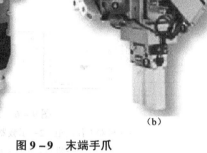

（a） （b）

图9-8 夹钳式手爪　　　　　　　　图9-9 末端手爪

（a）专用式手爪；（b）组合式手爪

带有传感系统的装配机器人可更好地完成销、轴、螺钉、螺栓等柔性化装配作业，在其作业中常用到的传感系统有视觉传感系统和触觉传感系统。

1. 视觉传感系统

配备视觉传感系统的装配机器人可依据需要选择合适装配零件，并进行粗定位和位置补偿，可完成零件平面测量、形状识别等检测。视觉系统原理如图9-10所示。

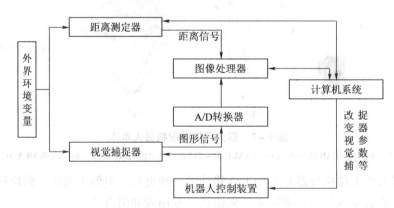

图9-10 视觉系统原理

2. 触觉传感系统

装配机器人的触觉传感系统主要是时刻检测机器人与被装配物件之间的配合。

机器人触觉可分为接触觉、接近觉、压觉、滑觉和力觉等五种传感器。在装配机器人进行简单工作过程中常见到的有接触觉、接近觉和力觉等。

（1）接触觉传感器，如图 9 – 11 所示。接触觉传感器一般固定在末端执行器的指端，只有末端执行器与被装配物件相互接触时才起作用。接触觉传感器由微动开关组成。

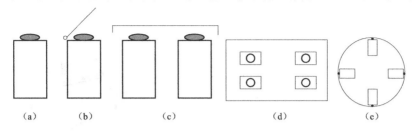

图 9 – 11　接触觉传感器

（a）点式；（b）棒式；（c）缓冲器式；（d）平板式；（e）环式

（2）接近觉传感器，如图 9 – 12 所示。接近觉传感器同样固定在末端执行器的指端，其在末端执行器与被装配物件接触前起作用，能测出执行器与被装配物件之间的距离、相对角度甚至表面性质等，属于非接触式传感。

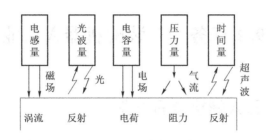

图 9 – 12　接近觉传感器

（3）力觉传感器。力觉传感器普遍存在于各类机器人中，在装配机器人中力觉传感器不仅存在于末端执行器与环境作用过程中的力测量，而且存在于装配机器人自身运动控制和末端执行器夹持物体的夹持力测量等情况。常见装配机器人力觉传感器分关节力传感器、腕力传感器（图 9 – 13）、指力传感器。

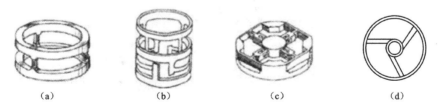

图 9 – 13　腕力传感器

（a）Draper Wsston 腕力传感器；（b）SRI 六维腕力传感器；（c）林纯—腕力传感器；
（d）非径向中心对称三梁腕力传感器

9.1.2　装配机器人的作业示教

TCP 点确定：

对于装配机器人，末端执行器结构不同 TCP 设置点亦不同，吸附式、夹钳式可参考搬运机器人TCP点设定；专用式末端执行器（拧螺栓）TCP一般设在法兰中心线与手爪前端平面交点处，组合式TCP设定点需依据起主要作用的单组手爪确定，如图9-14所示。

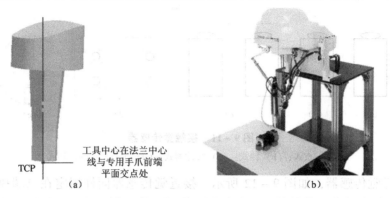

工具中心在法兰中心线与专用手爪前端平面交点处

TCP

（a）   （b）

图9-14 专用式末端执行器TCP点及生产再现

（a）拧螺栓手爪TCP；（b）生产再现

9.2 任务二 装配机器人作业

9.2.1 装配机器人螺栓紧固作业

现以工件装配为例，选择直角式机器人（或SCARA机器人），末端执行器为专用式螺栓手爪。采用在线示教方式为机器人输入装配作业程序。装配运动轨迹如图9-15所示。

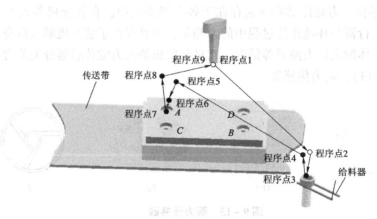

程序点9 程序点1

传送带 程序点8

程序点5

程序点6

程序点7 A

C B D

程序点4 程序点2

程序点3 给料器

图9-15 装配运动轨迹

程序点说明见表9-1。

螺栓紧固机器人作业示教流程如图9-16所示。

（1）示教前的准备。

① 给料器准备就绪。

② 确认自己和机器人之间保持安全距离。

③ 机器人原点确认。

表 9 – 1 程序点说明

程序点	说明	手爪动作	程序点	说明	手爪动作
程序点1	机器人原点		程序点6	装配作业点	抓取
程序点2	取料临近点		程序点7	装配作业点	放置
程序点3	取料作业点	抓取	程序点8	装配规避点	
程序点4	取料规避点	抓取	程序点9	机器人原点	
程序点5	移动中间点	抓取			

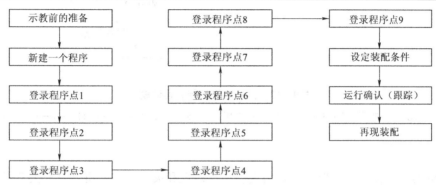

图 9 – 16 螺栓紧固机器人作业示教流程

（2）新建作业程序。

点按示教器的相关菜单或按钮，新建一个作业程序 "Assembly_bolt"。

（3）程序点的输入。

（4）设定作业条件。

① 在作业开始命令中设定装配开始规范及装配开始动作次序；

② 在作业结束命令中设定装配结束规范及装配结束动作次序；

③ 依据实际情况，在编辑模式下合理选择配置装配工艺参数及选择合理的末端执行器。

（5）检查试运行。

① 打开要测试的程序文件。

② 移动光标到程序开头位置。

③ 按住示教器上的有关【跟踪功能键】，实现装配机器人单步或连续运转。

（6）再现装配。

① 打开要再现的作业程序，并将光标移动到程序的开始位置，将示教器上的【模式开关】设定到"再现/自动"状态。

② 按示教器上【伺服 ON 按钮】，接通伺服电源。

③ 按【启动按钮】，装配机器人开始运行。

9.2.2 装配机器人鼠标装配作业

在垂直方向上的装配作业，直角式和水平串联式装配机器人具有无可比拟的优势，但在装配行业中，垂直串联式和并联式装配机器人仍具有重要地位。现以简化后的鼠标装配为例，末端执行器选择组合式。鼠标装配机器人运动轨迹如图9—17所示。

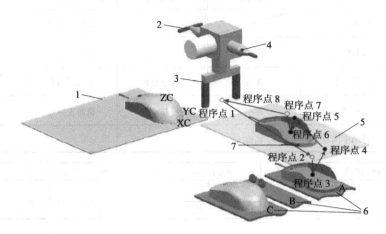

图9-17 鼠标装配机器人运动轨迹

1—成品托盘；2—吸附手爪；3—夹钳手爪；4—专用手爪；5—装配工作台；6—给料器；7—专用装配夹具

本章小结

装配机器人以臂部运动形式分直角式装配机器人和关节式装配机器人，关节式装配机器人亦分水平串联关节式、垂直串联关节式和并联关节式。装配机器人多依附于生产线进行装配，形成相应装配工作站，常见的有回转式和线式。末端执行器以被抓取物料不同而有不同的结构形式，常见的有吸附式、夹钳式、专用式和组合式，为实现准确无误的装配作业，装配机器人需配备多种传感系统，以保证装配作业顺利进行，在简单示教型装配机器人中多为视觉传感器和触觉传感器，触觉传感器又包含接触觉、接近觉、压觉、滑觉和力觉等五种传感器，各个传感器相互配合、作用，可完成相应装配动作。

任 务 工 单

1. 填空题

（1）按臂部运动形式分，装配机器人可分为_____、_____。

（2）装配机器人常见的末端执行器主要有_____、_____和_____。

（3）装配机器人系统主要由_____、_____、_____、_____和安全保护装置等组成。

2. 选择题

（1）装配工作站可分为（　　　）。

① 全面式装配；② 回转式装配；③ 一进一出式装配；④ 线式装配

A. ①②　　　　　　B. ②③　　　　　　C. ②④　　　　　　D. ①②③④

（2）对装配机器人而言，通常可采用的传感器有（　　　）。

① 视觉传感器；② 力觉传感器；③ 听觉传感器；④ 滑觉传感器；⑤ 接近觉传感器；

⑥ 接触觉传感器；⑦ 压觉传感器

A. ①②③⑦　　　　B. ①③⑤⑦　　　　C. ②③④⑦　　　　D. ①②④⑤⑥⑦

3. 判断题

（1）目前应用最广泛的装配机器人为 6 轴垂直关节型，因为其柔性化程度最高，可精确到达动作范围内任意位置。（　　）

（2）机器人装配过程较为简单，根本不需要传感器协助。（　　）

（3）吸附式末端执行器 TCP 多设在法兰中心线与吸盘所在平面交点处。（　　）

4. 综合应用题

（1）简述装配机器人本体与焊接、涂装机器人本体有何不同。

（2）依据图 9 - 18 画出 Ⅰ、Ⅱ 托上零件装配运动轨迹示意图。

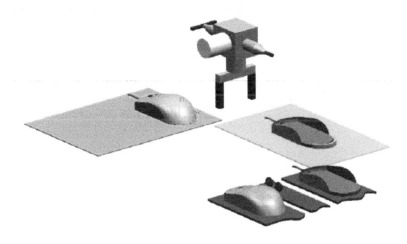

图 9 - 18

（3）依图 9 - 18 并结合 Ⅰ、Ⅱ 托盘零件进行示教完成表 9 - 2（请在相应选项下打"√"或选择序号）。

表 9 - 2　示教表

程序点	装配作业		插补方式		末端执行器
	作业点	① 原点；② 中间点；③ 规避点；④ 临近点	PTP	直线插补	① 吸附式；② 夹钳式；③ 专用式
程序点 1					
程序点 2					
程序点 3					
程序点 4					
程序点 5					
程序点 6					
程序点 7					
程序点 8					

程序点	装配作业		插补方式		末端执行器
	作业点	① 原点；② 中间点；③ 规避点；④ 临近点	PTP	直线插补	① 吸附式；② 夹钳式；③ 专用式
程序点 9					
程序点 10					
程序点 11					
程序点 12					
程序点 13					
程序点 14					
程序点 15					
程序点 16					

项目 10　系列机器人示教

章节目录

10.1 任务一　机器人工作站操作

　　10.1.1　示教器

　　10.1.2　手动操作

10.2 任务二　机器人工作站编程

　　10.2.1　文件管理

　　10.2.2　运行程序

　　10.2.3　状态显示

10.3 任务三　示教案例

　　10.3.1　点焊机器人

　　10.3.2　搬运机器人

本项目主要概述了机器人示教器的相关内容，所有机器人的操作（包含机器人运动、程序编写、示教、状态查看等），都通过手持示教器来完成，因此示教器是机器人非常关键的组成部分。首先介绍机器人示教器的基本功能，包括各个按键的功能，以及机器人的人机交互可视化界面，各个操作界面的功能。用户仔细阅读本章内容，便可掌握机器人的常用操作方法。

课堂认知

10.1 任务一　机器人工作站操作

10.1.1　示教器

1. 主要功能

示教器的主要功能：

（1）点动机器人；

（2）编写机器人程序；

（3）试运行程序；

（4）生产运行；

（5）查阅机器人的状态（I/O 设置、位置等）。

ER10L – C10 系列机器人的示教器如图 10 – 1 所示。

图 10 – 1　ER10L – C10 系列机器人的示教器

2．开机界面

示教器开机系统初始化过程如图 10 – 2 所示。

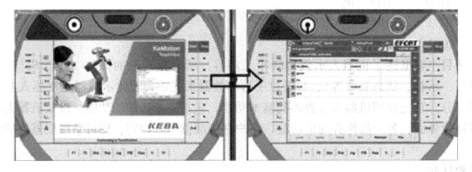

图 10 – 2　示教器开机系统初始化过程

示教器开机界面如图 10 – 3 所示。

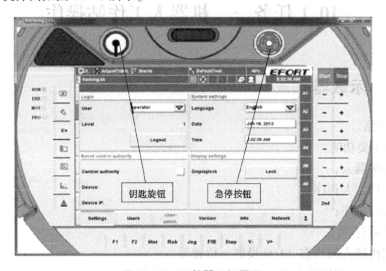

图 10 – 3　示教器开机界面

示教器按键分布如图 10 - 4 所示。

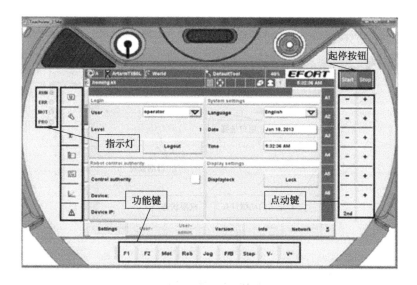

⬚ : 预留;

⚒ : 用户——登录、语言选择、权限转换等;

X = : 变量——变量查看、添加和修改等;

📁 : 工程——新建、打开程序、下载程序、关闭文件等;

▦ : 程序——修改、复制、粘贴、打开、删除等;

📈 : 坐标——进入点动操作界面,当前机器人位置;

⚠ : 报警、报告——文字形式显示报警或报告内容

图 10 - 4 示教器按键分布

F1、F2:功能扩展键;

Mot:开关伺服;

Jog:坐标变换;

F/B:程序运行位置设定;

Step:单步/连续;

V + , V - :速度增大、减小键;

Start:程序开始运行;

Stop:程序停止运行;

点动键:使用这 12 个键来手动操作机器人;

Rob、2nd 键:预留按键,主要用于多机器和附加轴操作。

3. 登录界面（图 10 - 5、图 10 - 6）

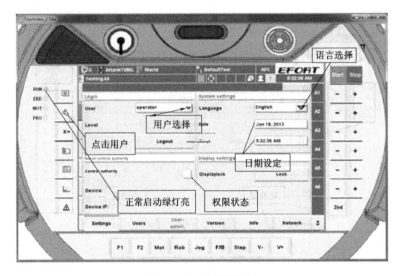

图 10 - 5　登录界面 1

图 10 - 6　登录界面 2

登录界面菜单见表 10 - 1。

表 10 - 1　登录界面菜单

名称	功能
Setting	设置
Users	用户
User - admin	管理员用户
Version	软件版本
Info	系统信息
Network	网络

4. 变量界面（图 10 – 7）

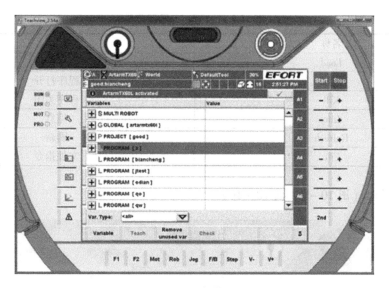

图 10 – 7　变量界面

变量界面菜单见表 10 – 2。

表 10 – 2　变量界面菜单

名称	功能
Variable	变量指令
Teach	记录、示教
Remove unused var	删除未使用变量
Check	监测未使用变量

5. Project 界面（图 10 – 8）

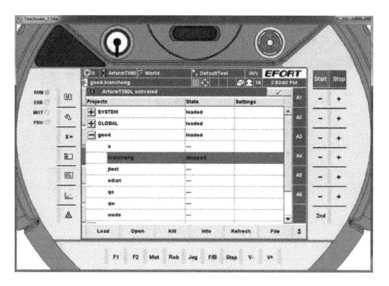

图 10 – 8　Project 界面

Project 界面菜单见表 10 – 3。

表 10 – 3　Project 界面菜单

名称	功能
Load	程序下载
Open	程序打开
Kill	程序关闭
Info	信息
Refresh	刷新
File	文件指令

6. 程序界面（图 10 – 9、图 10 – 10）

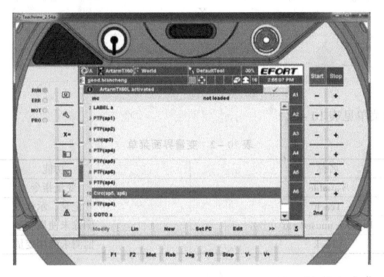

图 10 – 9　程序界面 1

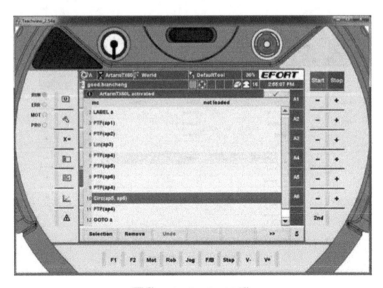

图 10 – 10　程序界面 2

程序界面菜单，见表 10-4。

表 10-4 程序界面菜单

名称	功能
Modify	修改
Lin	直线
New	新建
SetPC	程序执行起始位设置
Edit	编辑
>>	下一页
Selection	选择指令
Remove	删除
Undo	撤销

7. Position 界面（图 10-11）

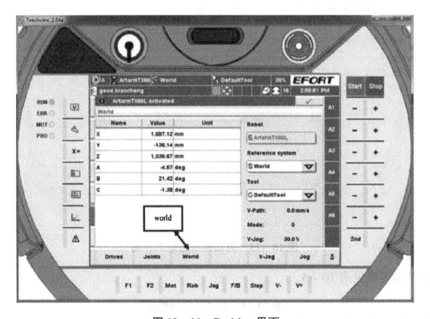

图 10-11 Position 界面

关节坐标显示界面如图 10 - 12 所示。

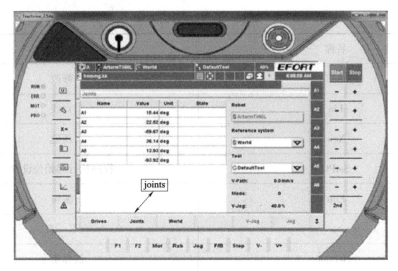

图 10 - 12 关节坐标系显示界面

驱动器状态显示界面如图 10 - 13 所示。

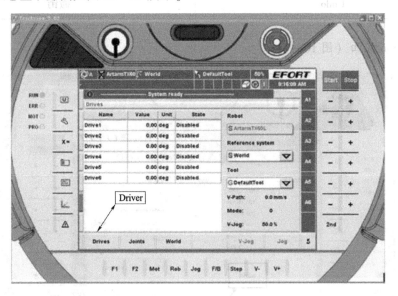

图 10 - 13 驱动器状态显示界面

驱动器界面菜单见表 10 - 5。

表 10 - 5 驱动器界面菜单

名称	功能
Drive	驱动器状态显示
Joints	关节坐标系下参数显示
World	世界坐标系下参数显示
V - Jog	速度选择
Jog	坐标切换

8. Alarm 键界面（图 10 – 14）

图 10 – 14　Alarm 键界面

Alarm 键界面菜单见表 10 – 6。

表 10 – 6　Alarm 键界面菜单

名称	功能
Confirm	删除选中的报警记录
Confirm All	删除全部报警记录
Help	帮助
Disp. ID	显示标识符

10.1.2　手动操作

1. 急停及开关机

主要讲述了 ER10L – C10 系列机器人系统中急停的类型、操作方法及优先级，旨在强调急停在整个系统应用中的重要性。用户在操作机器人前，必须掌握急停的各项操作及开关机的操作步骤。

（1）急停装置。

急停是优先级最高的紧急停止动作，在机器人出现意外动作或安全问题时请立即按下急停按钮。急停按钮主要有两处：示教盒急停、电控柜急停，如图 10 – 15 所示。

急停处理：示教盒急停、电控柜急停应用场合。这两种急停属最高安全级别急停，按下后，可切断伺服电源，使机器人立即停止。急停处理主要用于机器人出现失控和其他物体发生碰撞，人员需进入机器人工作场地时。

图 10 – 15　急停按钮

（2）开机。

① 确认主电源供电正常，附属配套设备供电正常；

② 将主电源开关旋至 ON 位置；

③ 等待系统启动，示教盒显示主界面时表示启动完成。

启动画面如图 10 – 16 所示。

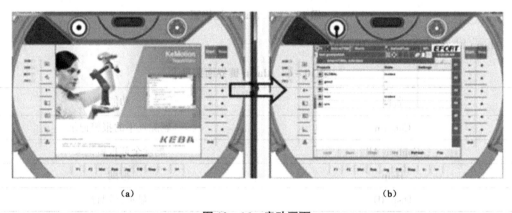

图 10 – 16　启动画面

（a）启动前；（b）启动后

（3）关机。

① 按下电控柜上的关闭伺服按钮，确保伺服驱动器关闭；

② 关闭主电源空气开关。

2. 界面操作

本部分主要讲述了手动操作 ER10L – C10 系列机器人的相关内容，坐标系的定义及其设置，手动操作的方法，速度设置及手动操作时各状态的确认。通过本部分的学习，用户应掌握手动操作的方法和空间坐标系的应用，更重要的是，用户需要通过实际的操作才能更熟练地掌握手动操作。

（1）手动界面进入。

首先，登录用户，获取控制权限，图 10 – 17 所示为示教盒权限最高界面。注意观察界面上方的状态显示栏，观察状态显示栏是否处在手动状态，还要注意是否有伺服报警状态及速度挡次。

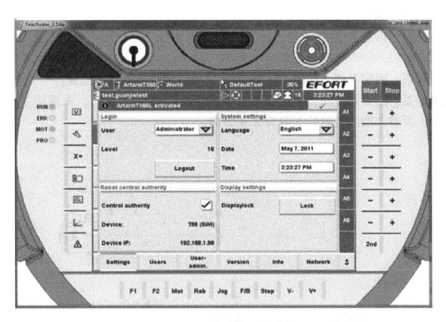

图 10 – 17 示教盒权限最高界面

确认状态后，旋转钥匙，按下示教盒上的 Position 键，则进入手动操作状态，如图10 – 18 所示。

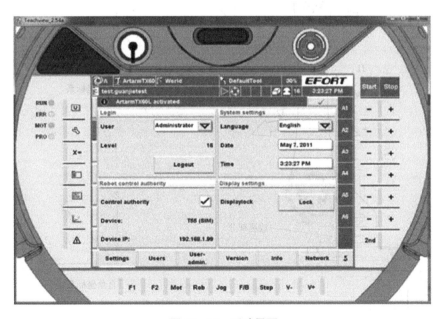

图 10 – 18 手动界面

3. 坐标系和速度设置

（1）坐标系设置。

在 ER10L – C10 系列机器人上位机系统中设定了三种坐标系，即关节坐标系、世界坐标系以及工具坐标系。注意首次进入手动界面默认是关节坐标系，可对坐标系进行切换。在示教时还要注意界面中角度与位置的信息值。

（2）坐标系定义。

关节坐标系：即绕各关节转动，正负方向如图 10 – 19 所示，零点位置时，5 轴向下为负。

直角坐标系：固定不动，如图 10 – 19 所示，原点为机器人底座位置。

工具坐标系：随姿态转动，定义如图 10 – 19 所示。未带工具时，末端法兰中心位置为其原点位置，垂直末端法兰向外方向为 Z 正方向。

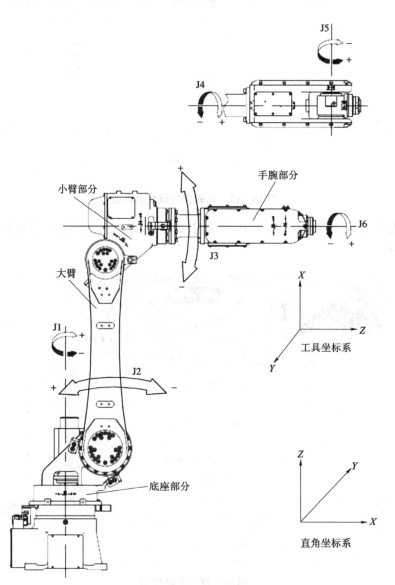

图 10 – 19　机器人坐标系

（3）速度设置。

用户选择好坐标系，设定好运行速度后，按点动键即可。在手动操作前，需要注意开启伺服按钮；点动时，需要按住手压开关。手压开关分为 3 挡，上挡、中挡以及下挡；其中只有处在中挡时，抱闸才会打开。

（4）状态确认。

在手动界面中观察状态栏信息。关节坐标系显示界面如图 10 – 20 所示。

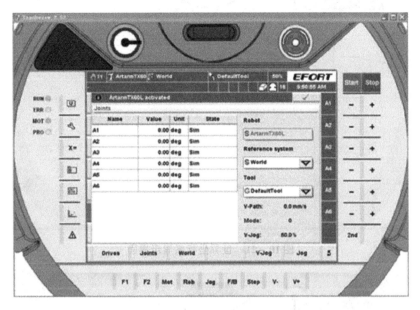

图 10 – 20　关节坐标系显示界面

手动：此状态信息显示当前所处的界面，操作权限显示为 16。

报警：利用此项可以观察当前是否存在报警情况，如果存在报警情况，则当前项颜色为红色，并且系统显示区有报警信息内容。

伺服状况：

① 伺服关。伺服未上电时 Motion 状态灯灭。

② 伺服开。伺服已上电时 Motion 状态灯颜色为绿色。

速度：状态栏上显示当前速度百分比。

（5）位置数据

机器人位置数据包括机器人的位置和姿态。示教机器人时，位置数据需同时记录存入程序。

位置数据有两种类型：

① 一种是各轴基于零点的角度偏移量矩阵；

② 一种是基于笛卡尔坐标系的工具位置和姿态的坐标矩阵。

ER10L – C10 系列机器人有两个界面显示位置数据：

一种是手动界面的位置数据如图 10 – 21 所示，初始界面按示教盒上的"MOVE"键可进入手动界面，手动界面下显示的位置数据为机器人当前位置的实时数据，其中：

① A1 ~ A6 为各轴角度坐标值，如图 10 – 22 所示；

② X、Y、Z、A、B、C 为世界坐标系下坐标值，如图 10 – 21 所示。

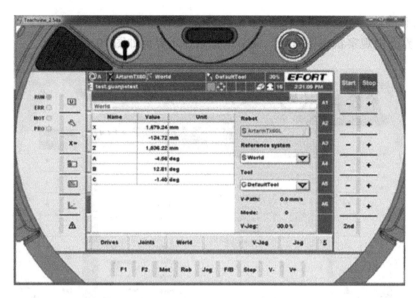

图 10 - 21　世界坐标系显示界面

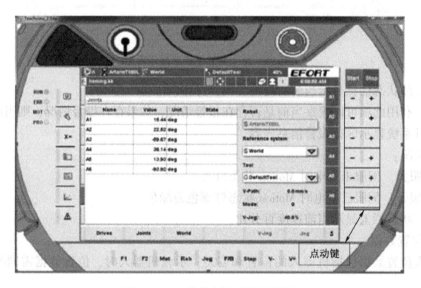

图 10 - 22　关节坐标系显示界面

10.2 任务二　机器人工作站编程

10.2.1　文件管理

主要介绍 ER10L - C10 系列机器人的文件管理内容，文件的详细信息及新建、打开、复制、粘贴、删除等操作都进行了详细的介绍。文件管理的操作对象主要是用户编写的示教程序文件。用户可通过文件管理界面对程序文件进行相应的操作和备份。

1．文件新建和删除

文件新建：在工程界面下按示教盒上的"Project"按钮进入如图 10 – 23 所示的文件管理界面后，再按"file"键，弹出图 10 – 24 所示工程文件指令界面。

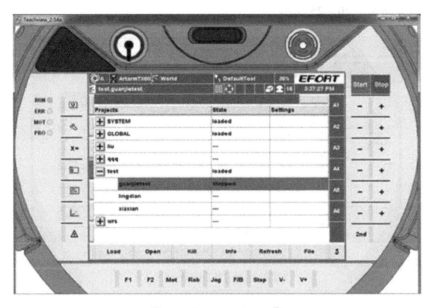

图 10 – 23　文件管理界面

图 10 – 24　工程文件指令界面

以下指令是针对工程文件和程序文件的操作。

Rename：重命名；

Delete：删除；

Paste：粘贴；

Copy：复制；

New program：新建程序；

New project：新建工程；

Import：导入；

Export：导出。

2. 文件下载、打开和关闭

成功下载界面如图 10 - 25 所示。

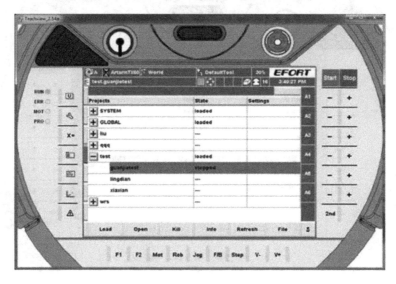

图 10 - 25　成功下载界面

Load：文件下载；

Open：文件打开；

Kill：文件关闭。

3. 变量添加

选择要添加变量的工程，将其点绿，如图 10 - 26 所示。

单击"Variable"后弹出如图 10 - 27 所示界面，再单击"New"，添加变量。

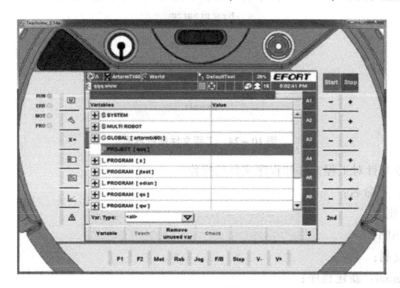

图 10 - 26　变量界面

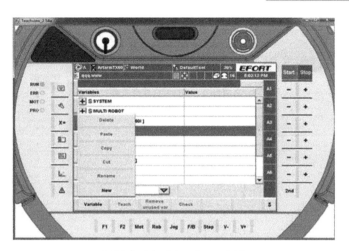

图 10 – 27　添加变量界面

如图 10 – 28 所示选好变量类型后，单击如图 10 – 29 所示黑框处修改变量名，修改为"gun1"然后单击"OK"，如图 10 – 30 所示。

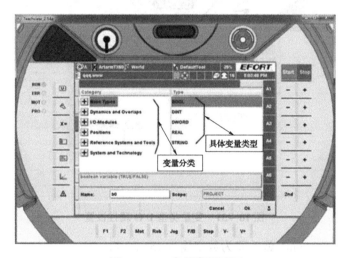

图 10 – 28　变量类型界面

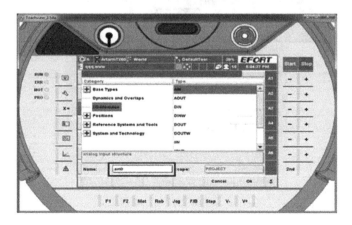

图 10 – 29　变量类型选择界面

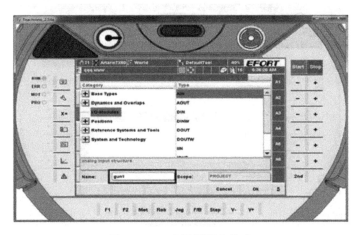

图 10 - 30　变量类型名修改

如果是 I \ O 变量则需要关联输入或者输出 I \ O，如图 10 - 31 所示。

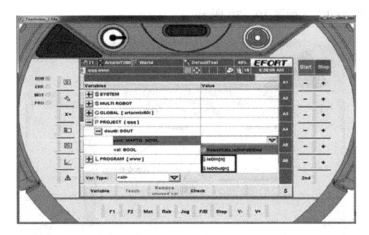

图 10 - 31　变量类型 I/O 属性设置

如图 10 - 32 所示，gun1 就关联为数字输入 15I \ O 口。

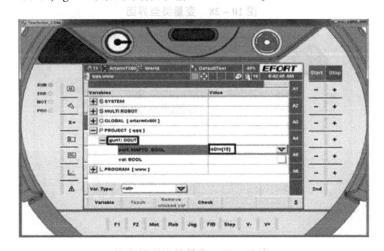

图 10 - 32　变量类型 I/O 关联

10.2.2　运行程序

运行程序包括手动运行程序和自动运行程序两种，本章详细讲述了手动运行程序和自动运行程序的步骤和注意事项，用户要特别注意运行程序过程中的状态提示，因为每一个错误的状态都可能引起机器人碰撞或故障。本章还讲述了运行程序过程中的急停处理。在前几章也讲述了急停的处理，内容类似，旨在提高用户对急停的重视。

1．启动机器人

启动机器人在电柜上的操作。

（1）上主电，机器人关闭时上主电按钮为水平方向，当机器人开启时上主电按钮保持为垂直方向。

（2）按"开伺服"按钮，绿灯会亮，如果不亮则表示出现故障了；

（3）将权限转换按钮转到如图 10－33 所示白点指示汉字"关"的位置，此时为手动状态。

注：如图 10－33 所示白点指向"关"为手动状态（权限转到示教盒上），白点在左方指向"开"为自动状态。程序的编辑、修改、下载等操作只能在手动状态进行。

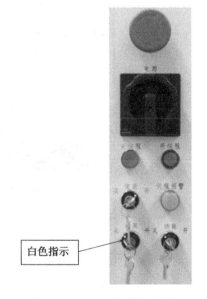

图 10－33　电柜部分操作按钮

2．加载程序

手动运行程序前，用户需要确认当前的权限以及操作模式。

（1）等待示教盒启动完成，显示如图 10－34 所示界面，注意现在观察图中显示的三个主要点 1、2、3。

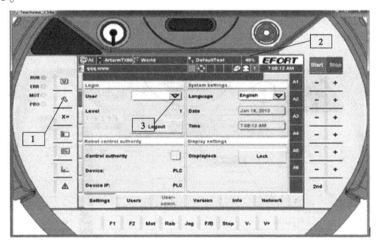

图 10－34　用户权限选择界面

（2）单击图 10－35 中的"1"号标识，然后单击图中"2"号标识的"Service"，则会弹出如图 10－36 所示的界面。

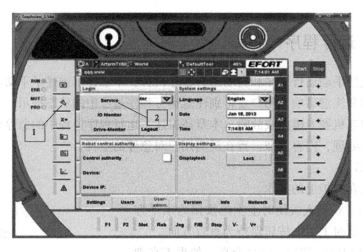

图 10 – 35　Service 编辑图

图 10 – 36　权限选择界面

（3）单击图 10 – 37 中的"1"号标识中的向下箭头，然后单击图中"2"号标识"Administration"。

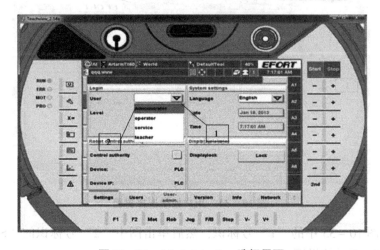

图 10 – 37　Administration 选择界面

弹出如图 10 – 38 所示界面，再输入图中的"1"号标识密码"pass"，单击"2"号标识。

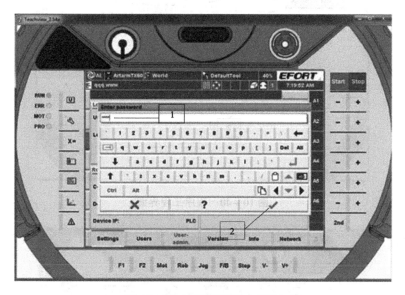

图 10 – 38 权限密码输入界面

弹出如图 10 – 39 所示界面，注意在图中"1"号标识所示处有对勾、"2"号标识所示能够起作用，此时表示管理员用户登录已经成功，可以操作示教盒运动机器人及其他命令。

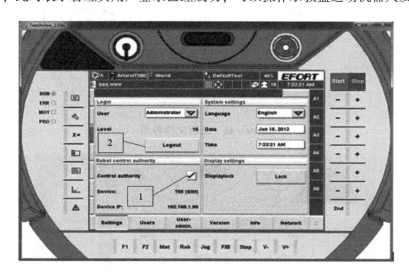

图 10 – 39 权限登录成功界面

（4）进入程序工程界面，如图 10 – 40 所示单击"1"号标识处，然后单击"2"号标识。

打开工程文件界面后，单击图 10 – 41 标识"1"处的加号。

在此界面中选中如标识"2"所示程序行，单击标识"3"指示的"load"按钮加载程序，加载完后如标识"4"所示会显示"stopped"。

（5）按照如图 10 – 42 所示，单击标识"1"可以查看当前打开的程序。

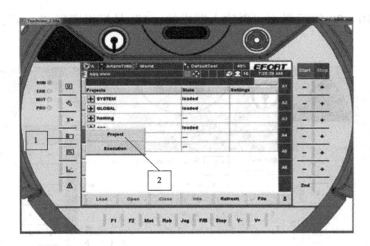

图 10 - 40　程序工程界面

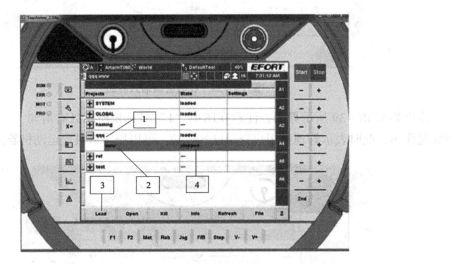

图 10 - 41　工程文件界面

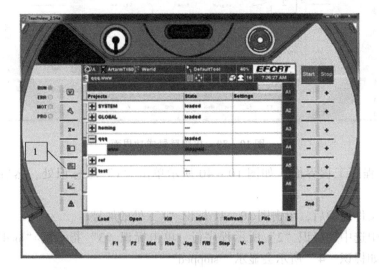

图 10 - 42　程序查看界面

（6）如图 10 – 43 所示按 "V +" 或 "V –" 键，可以调节机器人的运行速度，把机器人运行速度调节到合适速度。

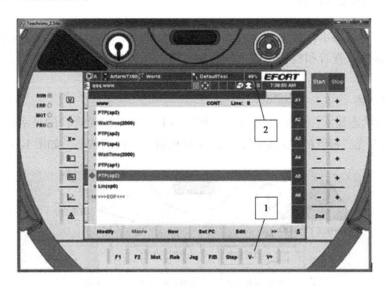

图 10 – 43 机器人速度调节界面

（7）如图 10 – 44 所示，单击 "logout" 按钮将 "Administrator" 权限转到 "Operator" 权限，再将电控柜上的权限转换开关转到 "开" 的位置，再将伺服开关转到 "开" 的位置使电动机上电，同时确认状态栏中机器人的当前状态是否正常。

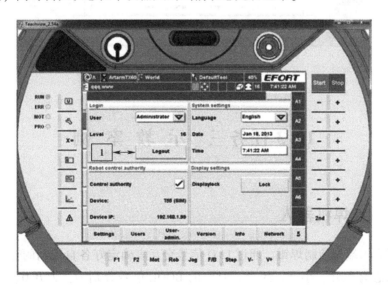

图 10 – 44 权限切换界面

机器人在运行过程中出现故障时按示教盒和电柜上的急停按钮，需要通过 PLC 清除报警后，手动按电柜下 "开伺服" 的绿色按钮，按下后绿灯亮，通过 PLC 发指令可继续运行。如果通过 PLC 还是不能清除故障，则需要将权限转到 "Administrator" 权限，转为手动状态，必须确保机器人速度降低到 2% 至 10% 的速度，手动操作机器人回到运行起点位置处，排除故障后重新运行。

10.2.3 状态显示

状态显示主要包括示教盒上的发光二极管和程序的状态显示等。用户可以通过示教盒和程序上的状态显示，查看和检查机器人的各种状态，了解机器人当前的状态，方便用户示教和再现。

1. 示教盒状态

示教盒上的状态显示，主要是指示教盒上的 LED（发光二极管）的显示情况（灯亮和灯灭）。用户根据发光二极管的显示情况，可以了解机器人当前的状态，如图 10 – 45 所示。

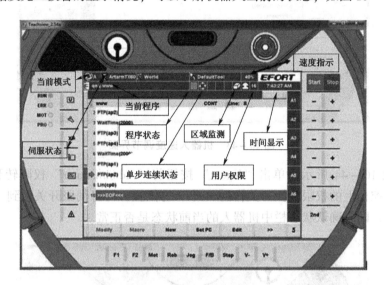

图 10 – 45　示教盒状态显示界面

10.3 任务三　示 教 案 例

10.3.1 点焊机器人

点焊机器人末端是控制焊钳。通过 I\O 信号交互表确定好各自控制的输入输出 I\O 即可。焊钳的状态有大开、小开、闭合，对应的 BOOL 信号分别为：大开 0、1、0；小开 0、0、1；闭合 1、0、1。关联的三个输出为 gun1 – > IODout30，gun2 – > IODout31，gun3 – > IODout18。

（1）大开程序。

gun1. Set（FALSE）

gun2. Set（TRUE）

gun3. Set（FALSE）

（2）小开程序。

gun1. Set（FALSE）

gun2. Set（FALSE）

gun3. Set（TRUE）

其中控制焊钳的点焊机器人示教盒上 F1 为大开，F2 为小开。

10.3.2　搬运机器人

搬运机器人末端是控制抓具，只要通过 I\O 信号交互表确定好各自控制的输入输出 I\O 即可。抓具的状态有打开、闭合，对应 BOOL 信号分别为：打开1、1；闭合1、1；关联的输出为：

打开：Clamp10_Open－>IODout21，Clamp250_Open－>IODout23；

闭合：Clamp10_Close－>IODout20，Clamp250_Close－>IODout22；

（1）打开程序。

Clamp1Open. Set（TRUE）

Clamp1OpenPos. Wait（TRUE）

Clamp1OpenPos. Wait（TRUE）

Clamp2OpenPos. Wait（TRUE）

Clamp3OpenPos. Wait（TRUE）

Clamp4OpenPos. Wait（TRUE）

Clamp5OpenPos. Wait（TRUE）

Clamp1Open. Set（FALSE）

Clamp25Open. Set（FALSE）

其中带有 Wait 指令的都是气缸到位输入监测信号，所有气缸都到位后再将打开输出信号置低。

（2）闭合程序。

WAIT Sensor1. port AND Sensor2. port

Clamp1Close. Set（TRUE）

Clamp25Close. Set（TRUE）

Clamp1ClosePos. Wait（TRUE）

Clamp2ClosePos. Wait（TRUE）

Clamp3ClosePos. Wait（TRUE）

Clamp4ClosePos. Wait（TRUE）

Clamp5ClosePos. Wait（TRUE）

Clamp1Close. Set（FALSE）

Clamp25Close. Set（FALSE）

WAIT Sensor1. port AND Sensor2. port

闭合程序和打开程序类似只是加入了光感器以监测该工位工件是否放好，通过 WAIT-Sensor1. port AND Sensor2. port 来实现。

项目 11 系列机器人机械维护

章节目录

11.1 任务一 安装和运转

    11.1.1 机械系统结构

    11.1.2 机器人重量

    11.1.3 机器人性能参数

    11.1.4 机器人工作空间

    11.1.5 机器人安装

    11.1.6 负载曲线

    11.1.7 末端法兰安装

11.2 任务二 校对、调试

    11.2.1 零点校对概述

    11.2.2 零点标定工具

    11.2.3 零点标定

11.3 任务三 维护

    11.3.1 预防性维护

    11.3.2 定期维护

    11.3.3 机器人润滑

    11.3.4 J5、J6 轴皮带张紧

    11.3.5 维护区域

11.4 任务四 维修

    11.4.1 介绍

    11.4.2 各种常见问题

    11.4.3 各部件重量

    11.4.4 更换部件

    11.4.5 废弃

    11.4.6 涉及标准

机器人机械系统是指机械本体组成，机械本体由底座部分、大臂部分、小臂部分、手腕部件和本体管线包部分组成，共有 6 个电动机可以驱动 6 个关节的运动，实现不同的运动形式。

性能参数定义

机器人性能参数主要包括工作空间、机器人负载、机器人运动速度、机器人最大动作范围和重复定位精度。

（1）机器人工作空间。

参考国标《工业机器人特性表示》（GB/T 12644—2001），定义最大工作空间为机器人运动时手腕末端所能达到的所有点的集合。

（2）机器人负载设定。

参考国标《工业机器人词汇》（GB/T 12643—2013），定义末端最大负载为机器人在工作范围内的任何位姿上所能承受的最大质量。

（3）机器人运动速度。

参考国标《工业机器人性能测试方法》（GB/T 12645—1990），定义关节最大运动速度为机器人单关节运动时的最大速度。

（4）机器人最大动作范围。

参考国标《工业机器人验收规则》（GB/T 8896—1999），定义最大工作范围为机器人运动时各关节所能达到的最大角度。机器人的每个轴都有软、硬限位，机器人的运动无法超出软限位，如果超出，称为超行程，由硬限位完成对该轴的机械约束。

（5）重复定位精度。

参考国标《工业机器人性能测试方法》（GB/T 12642—2013），定义重复定位精度是指机器人对同一指令位姿，从同一方向重复响应 N 次后，实到位置和姿态散布的不一致程度。

11.1 任务一　安装和运转

11.1.1　机械系统结构

机器人机械系统主要由机械本体和外围管线包组成。机械本体主要由底座部分、大臂部分、小臂部分和手腕部分组成，如图 11-1 所示。

11.1.2　机器人重量

部分零部件重量较轻，在此暂不一一列出。

ER16 工业机器人部件重量见表 11-1。

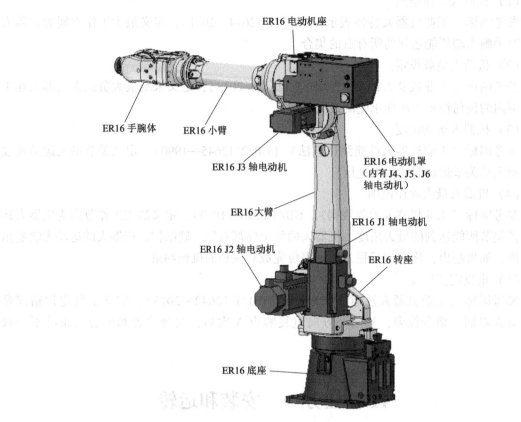

ER16 电动机座

ER16 手腕体

ER16 小臂

ER16 J3 轴电动机

ER16 电动机罩
（内有 J4、J5、J6
轴电动机）

ER16 大臂

ER16 J1 轴电动机

ER16 J2 轴电动机

ER16 转座

ER16 底座

图 11 - 1　机器人机械系统组成

表 11 - 1　ER16 工业机器人部件重量

部件名称	重量/kg
ER16 机器人整机	170
底座铸件	24
大臂铸件	18.3
转座铸件	23
底座装配体（含转座）	93.2
小臂装配体（含电动机座及 4、5、6 轴电动机）	29.1
手腕	10.3
J1 轴减速机	14.9
J2 轴减速机	5.8
J3 轴减速机	3.8

11.1.3 机器人性能参数

机器人性能参数见表 11-2。

表 11-2 机器人性能参数

名称		ER16
动作类型		多关节型
控制轴数		6
放置方式		地装
最大关节转速	J1 轴	145°/s
	J2 轴	105°/s
	J3 轴	170°/s
	J4 轴	320°/s
	J5 轴	320°/s
	J6 轴	450°/s
最大动作范围	J1 轴	±180°
	J2 轴	+140°/-60°
	J3 轴	+80°/-170°
	J4 轴	±360°
	J5 轴	+135°/-120°
	J6 轴	±360°
最大活动半径		1.6 m
手腕最大许用负载		16 kg
第三轴允许附加负载		10 kg
重复定位精度		±0.1 mm

11.1.4 机器人工作空间

机器人工作空间如图 11 – 2 所示。

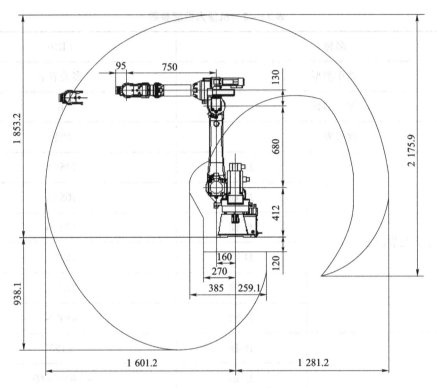

图 11 – 2　机器人工作空间

工业机器人各轴转动范围见表 11 – 3。

表 11 – 3　工业机器人各轴转动范围

型号	各轴转动范围					
	J1 轴	J2 轴	J3 轴	J4 轴	J5 轴	J6 轴
ER16	±180°	−60° ~ +140°	−170° ~ +80°	±360°	−120° ~ +135°	±360°

机器人各关节转动正负方向示意图如图 11 – 3 所示。

11.1.5　机器人安装

概述: 这个章节主要介绍了为了安全平稳的安装机器人,所要做的内容。

机器人安装所需零件见表 11 – 4。

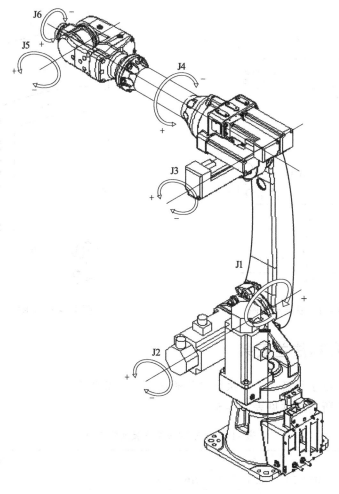

图 11 - 3　机器人各关节转动正负方向示意图

表 11 - 4　机器人安装所需零件

固定螺栓	数量/个
固定螺栓：M16 × 80 （GB/T 5782—2016 10.9 级）	4
弹簧垫片：弹簧垫圈 16 （GB/T 93—1987）	4

安装尺寸如图 11 - 4 所示。

11.1.6　负载曲线

概述：任何加在机器人上的负载都要遵循机器人负载图，如图 11 - 5 所示，以免机器人运行时晃动或电动机、减速机、结构过载。

注意：ER16 机器人加载的负载必须符合 ER16 机器人负载图，负载的质量和自身惯量在各种情况下都要确认。超载将会使电动机、减速机过载，缩短机器人使用寿命，严重情况可能损坏机器人。

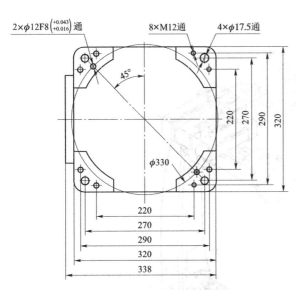

图 11-4 安装尺寸图

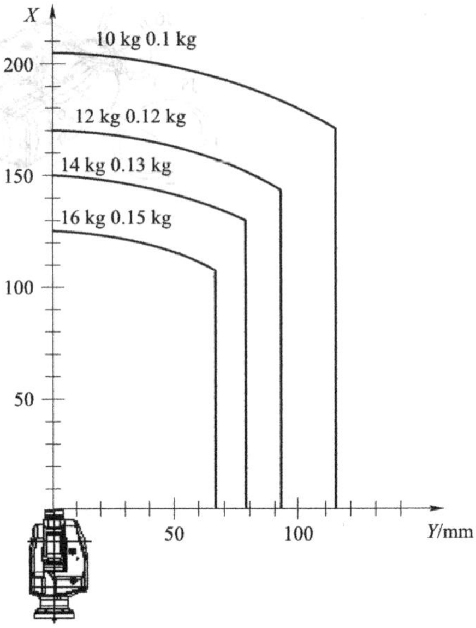

图 11-5 ER16 工业机器人负载图

11.1.7 末端法兰安装

概述： 本节介绍了机器人末端执行机构的安装尺寸及所需零件。

末端法兰安装所需零件见表 11-5。

表 11-5 末端法兰安装所需零件

固定螺钉	所需数量/个
固定螺钉：M6×20（GB/T 5782—2016 10.9 级）	4
弹簧垫片：弹簧垫圈 6（GB/T 93—1987）	4
圆柱销 6×15（GB/T 120.2—2000）	2

法兰如图 11-6 所示。

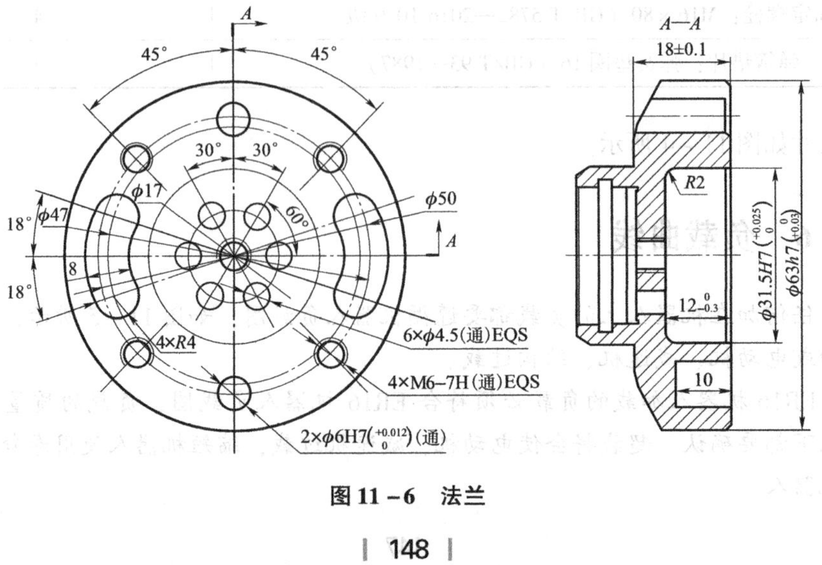

图 11-6 法兰

11.2 任务二　校对、调试

11.2.1　零点校对概述

零点校对是指把每个机器人关节的角度与脉冲计数值关联起来的一种操作。零点校对操作的目的是获得对应于零位置的脉冲计数值。

"零点校对"是在出厂前完成的。在日常操作中，没有必要执行零点校对操作。但是在下述情况下需要执行零点校对操作：

① 更换电动机；② 脉冲编码器更换；③ 减速器更换；④ 电缆更换；⑤ 机械本体中用于脉冲计数备份的电池电量用完。

11.2.2　零点标定工具

本型号机器人配备两个零点标定工具：① 1～6 轴零点标定杆，如图 11 – 7 所示；② 6 轴辅助零点标定板。

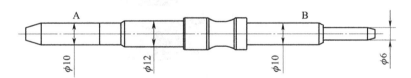

$\phi 10$　　$\phi 12$　　$\phi 10$　　$\phi 6$

图 11 – 7　零点标定杆

零点标定杆分 A 端、B 端，A 端应用于机器人 J1、J2、J3 轴零点标定，B 端应用于机器人 J4、J5、J6 轴零点标定。在 J6 轴零点标定时需安装上 6 轴辅助零点标定板。

11.2.3　零点标定

1. J1 轴零点标定示例

本机器人零点标定主要使用零点标定杆进行各轴零点标定，图 11 – 8 所示为 J1 轴零点标定示例。

如图 11 – 8 所示，在底座和转座上各有一个销孔，通过示教盒转动 J1 轴，肉眼观察两销孔位置同轴时，将零点标定杆插入转座 J1 轴销孔内，点动 J1轴，当零点标定杆同时也插入底座 J1 轴销孔内时，该位置即为 J1 轴机械零点位置，通过示教盒设置该位置 J1 轴零点，此时，J1 轴零点标定过程结束，可以进行其他关节的零点标定。

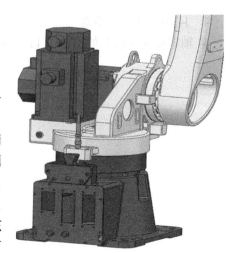

图 11 – 8　J1 轴零点标定示例

2. J2 轴零点标定示意

J2 轴零点标定示意如图 11 – 9 所示。

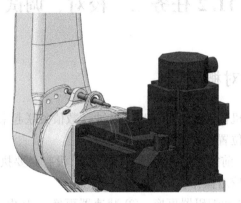

图 11 – 9　J2 轴零点标定示意

3. J3 轴零点标定示意

J3 轴零点标定示意如图 11 – 10 所示。

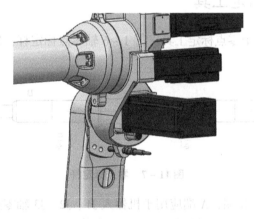

图 11 – 10　J3 轴零点标定示意

4. J4 轴零点标定示意

J4 轴零点标定示意如图 11 – 11 所示。

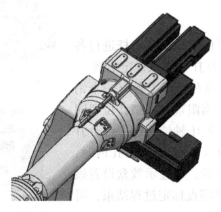

图 11 – 11　J4 轴零点标定示意

5. J5 轴零点标定示意

J5 轴零点标定示意如图 11 - 12 所示。

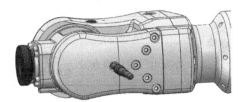

图 11 - 12　J5 轴零点标定示意

6. J6 轴零点标定示意

零点标定板用 $\phi6$ 销轴进行安装固定，然后用零点标定杆进行标定，如图 11 - 13 所示。

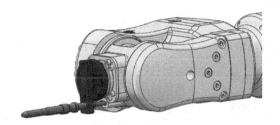

图 11 - 13　J6 轴零点标定示意

注意： 在对齐零点标定销轴孔，试插入零点标定杆时，点动机器人速度，使其降到 5% 以下，在插入零点标定杆后禁止再动机器人，以防出现意外。

11.3 任务三　维　　护

11.3.1　预防性维护

按照本章介绍的方法，执行定期维护步骤，能够保持机器人的最佳性能。

1. 日常检查

日常检查见表 11 - 6。

表 11 - 6　日常检查

序号	检查项目		判定标准
1	操作人员	泄漏检查	检查三联件、气管、接头等元件有无泄漏
2		开机点检	异响检查	检查各传动机构是否有异常噪声
3		干涉检查	检查各传动机构是否运转平稳，有无异常抖动
4		风冷检查	检查控制柜后风扇是否通风顺畅

序号	检查项目		判定标准
5	操作人员	开机点检	外围波纹管附件检查	是否完整齐全，有无磨损，有无锈蚀
6			外围电气附件检查	检查机器人外部线路连接是否正常，有无破损，按钮是否正常

2. 季度检查

季度检查见表 11 – 7。

表 11 – 7　季度检查

序号	检查项目	检查点
1	控制单元电缆	检查示教器电缆是否存在不恰当扭曲、破损
2	控制单元的通风单元	如果通风单元脏了，切断电源，清理通风单元
3	机械本体中的电缆	检查机械本体插座是否损坏、弯曲，是否异常，检查电动机航插是否连接可靠
4	清理检查每个部件	清理每一个部件，检查部件是否存在问题
5	上紧外部螺钉	上紧末端执行器螺钉，以及外部主要螺钉

3. 年度检查

年度检查见表 11 – 8。

表 11 – 8　年度检查

序号	检查内容	检查点
1	电池	更换机械单元中的电池
2	更换减速器、齿轮箱的润滑脂	按照润滑要求进行更换

11.3.2　定期维护

更换驱动装置的润滑脂采用下述步骤，每年更换 J1、J2、J3 轴减速器、电动机座齿轮箱和手腕部分润滑脂，如表 11 – 9 所示。

表 11 – 9　每年定期更换用润滑脂

型号	提供位置	数量/mL	润滑脂名称
ER16	J1 轴减速器	1 000	MolyhiteRE No. 00
	J2 轴减速器	1 050	
	J3 轴减速器	260	
	J4 轴减速器	260	
	手腕连接杆	180	PT – 1
	手腕连接体	180	

1. J1 轴、J2 轴、J3 轴、J4 轴的润滑脂更换步骤
（1）将机器人移动到表 11 – 10 所介绍的润滑位置；
（2）切断电源；
（3）移去润滑脂出口的螺塞；
（4）提供新的润滑油脂，直至新的润滑脂从润滑脂出口流出；
（5）将螺塞安装到润滑脂出口上。

2. 手腕部分的润滑脂更换步骤
（1）将机器人移动到表 11 – 10 所介绍的机器人润滑关节角度。
（2）切断电源。
（3）拆除手腕腔体下方润滑脂出口的螺塞，把腔体内的旧油放完，然后把螺塞安装上。
（4）通过手腕腔体润滑油入口按量注入新的润滑油。
（5）将螺塞安装到注油口上。

注释：如果未能正确润滑操作，润滑腔体的内部压力可能会突然增加，这有可能损坏密封部分，从而导致润滑脂泄漏和异常操作。因此，在执行润滑操作时，请遵守下述注意事项：

（1）执行润滑操作前，打开润滑油出口（移去润滑油出口的螺塞）。
（2）缓慢地注入润滑油，不要过于用力。
（3）只要可行，应避免使用压缩气体泵（由工厂气源驱动）。
（4）仅使用具有指定类型的润滑油。如果使用了指定类型之外的其他润滑油，可能会损坏减速器或导致其他问题。
（5）润滑完成后，确认在润滑油出口处没有润滑油泄漏，而且润滑腔体未加压，然后闭合润滑油出口。
（6）为了避免因滑倒导致的意外，应将地面和机器人上的多余润滑油彻底清除。

3. 润滑的空间方位角
对于润滑脂更换或补充操作，建议使用下面给出的方位，机器人润滑关节角度见表 11 – 10。

表 11 – 10　机器人润滑关节角度

供给位置	方位					
	J1	J2	J3	J4	J5	J6
J1 轴减速器	任意	0°	任意	任意	任意	任意
J2 轴减速器		0°				
J3 轴减速器		0°	0°			
J4 轴减速器				任意	任意	任意
手腕体连接杆		0°	0°	0°	0°	任意
手腕连接体						

11.3.3 机器人润滑

1. 注意事项及加油步骤

标准加油步骤：

（1）拧下加油口、透气油口螺塞（加油时须开放另一个油口透气）；

（2）在加油口拧上油嘴；

（3）用油枪加注给定型号的油；

（4）加注完毕拧下油嘴，拧上螺塞。

2. J1 轴、J2 轴注油口

J1 轴、J2 轴注油口如图 11 - 14 所示。

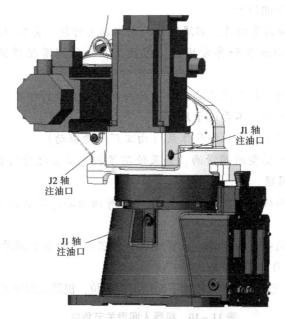

图 11 - 14　J1 轴、J2 轴注油口

3. J2 轴出油口

J2 轴出油口如图 11 - 15 所示。

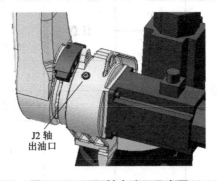

图 11 - 15　J2 轴出油口示意图

4. J3、J4 轴注油口

J3、J4 轴注油口如图 11-16 所示。

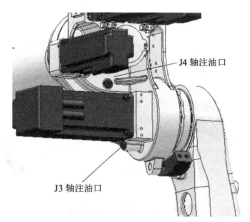

J4 轴注油口

J3 轴注油口

图 11-16 J3、J4 轴注油口

5. J3、J4 轴出油口

J3、J4 轴出油口如图 11-17 所示。

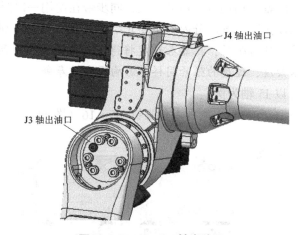

J4 轴出油口

J3 轴出油口

图 11-17 J3、J4 轴出油口

6. 手腕部分注油口

手腕部分注油口如图 11-18 所示。

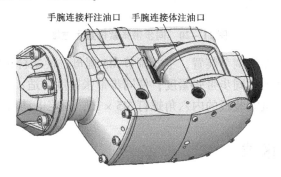

手腕连接杆注油口   手腕连接体注油口

图 11-18 手腕部分注油口

7. 手腕部分出油口

手腕部分出油口如图 11 - 19 所示。

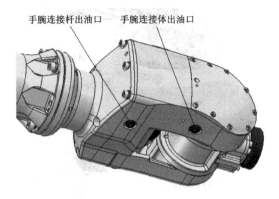

图 11 - 19　手腕部分出油口

11.3.4　J5、J6 轴皮带张紧

本机器人中，J5、J6 轴采用同步带传动方式，同步带在使用一段时间过后，皮带张紧度容易降低，这时需要从新张紧，本部分内容主要介绍如何张紧 J5、J6 轴同步带。

注意：同步带如果不及时张紧，机器人精度将得不到保证，同时影响同步带使用寿命；张紧同步带时要控制张紧度，过度的张紧同样会影响同步带寿命。

张紧同步带步骤（以 J5 轴为例）：

（1）松开 J5 轴电动机安装板上的内六角螺钉 M5×16（图 11 - 20）；

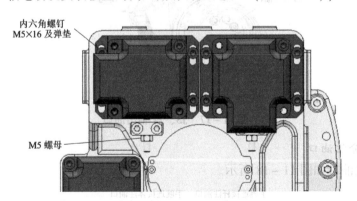

图 11 - 20　同步带张紧位置示意图

（2）调节安装板下方的调节装置，主要调节 M5 螺母，使螺杆顶紧 J5 轴电动机安装板；

（3）在侧面开孔处测试同步带张紧度，使同步带张紧度合适；

（4）拧紧固定电动机安装板的内六角螺钉 M5×16，固定电动机安装板。

11.3.5　维护区域

图 11 - 21 所示为机械单元的维护区域，同时为校对的机器人留下足够的校对区域。

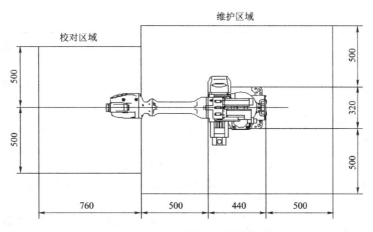

图 11 – 21　机械单元的维护区域

11.4 任务四　维　　修

11.4.1　介绍

章节结构：本章节主要分析了机器人使用中常见的几类问题及原因、解决方法。

需要设备：行车、叉车、内六角扳手、活动扳手以及拆装轴承用专用工具等。

安全信息：确定在任何维修之前已经详细查阅相应型号机器人安全手册。

注意：在机器人没有断电之前，不能进行任何维修工作！

11.4.2　各种常见问题

常见问题分析及解决方法见表 11 – 11。

表 11 – 11　常见问题分析及解决方法

症状	描述	原因分析	解决方法
振动噪声	底座和地面连接不牢固	由于机器人工作振动频繁，底座与地面连接松动	重新加固机器人与地面的连接
	机器人关节中的连接松动	关节之间连接螺栓没有达到规定的预紧力，螺栓上没有加相应防松措施（螺纹紧固剂、弹垫）	重新安装，并重新紧固各螺栓
	如果机器人超过一定速度振动明显	机器人所走程序对机器人硬件来说很费力	调整机器人程序路线

续表

症状	描述	原因分析	解决方法
振动噪声	机器人在一个特定的位置振动特别明显	可能机器人所加负载过大	减轻机器人负载
	关节减速机很长时间没有更换过	减速机损坏	更换减速机
	机器人发生碰撞或长时间过载后发生振动	碰撞或过载导致关节结构或减速机被破坏	更换振动地方的减速机或维修结构
	机器人的振动可能跟机器人周围的其他运作的机器有关	机器人与机器人周围的机器工作产生共振等	改变机器人与其他机器的距离等
咔嗒响	当关闭机器人时,用手扳动机器人,导致机器人晃动	由于过载、撞击导致机器人关节上的螺栓松动	检查各关节螺栓是否松动,包括电动机螺栓、减速机螺栓、各连接螺栓,如果松动加以紧固
电动机过热	机器人工作环境温度上升或者伺服电动机被物体所覆盖	环境温度上升或者电动机热量得不到散发导致温度上升	降低环境温度,增加散热,去除电动机覆盖物
	机器人控制程序或者负载改变	程序或负载超过了机器人承受范围	调整程序,减轻负载
	导入到控制器中的参数改变了导致电动机过热	导入的参数不符合机器人模型	导入正确的参数
齿轮箱渗油、漏油	关节部位漏油	机器人使用时间过长,导致密封橡胶件老化	更换密封油封及O形圈
		密封面存在间隙	重新安装,使结合面结合紧密
		加油嘴或者螺塞存在问题	更换新的加油嘴或螺塞
关节不能锁定	机器人不能准确停在某一位置,或者停止后经过一段时间在重力作用下关节转动	伺服电动机抱闸出现问题	更换伺服电动机

11.4.3　各部件重量

在维修过程中需要起吊机器人部件,起吊之前需要确认起吊工具负载范围,机器人部件重量是否超载。

11.4.4 更换部件

本部分内容主要介绍了更换 1~6 轴伺服电动机和 1~4 轴减速机。

提醒：在更换这些零部件时，要保存好拆下的零件并在重装前清洗干净，如发现零件损坏，要及时更换。

危险：当移除机器人部分部件时，机器人其他部分有可能失去支撑，造成未预料的运动，对人和设备造成伤害，所以在拆除机器人时需要有专业人员操作。

1. J1 轴伺服电动机更换

更换 J1 轴伺服电动机步骤：

（1）把机器人运动到合适位置；

（2）关闭机器人电源；

（3）拆下 J1 轴伺服电动机上的内六角螺钉 M8×25，如图 11-22 所示；

（4）抽出 J1 轴伺服电动机，保存好 O 形圈；

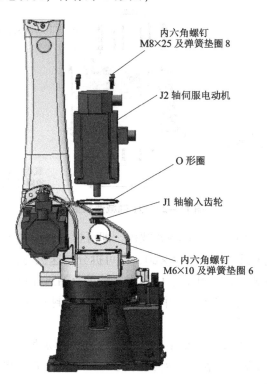

内六角螺钉 M8×25 及弹簧垫圈 8

J2 轴伺服电动机

O 形圈

J1 轴输入齿轮

内六角螺钉 M6×10 及弹簧垫圈 6

图 11-22 J1 轴伺服电动机更换

（5）拆下电动机轴头 M6×10 螺钉，拆下齿轮；

（6）更换伺服电动机。

反向操作即为安装步骤，安装过程中注意螺纹胶及密封胶的涂装。

2. J1 轴减速机更换

更换 J1 轴减速机步骤：

（1）把机器人移动到合适位置（转座以上合适起吊）；

（2）关闭机器人电源，起吊机器人一定高度；

（3）拔去伺服电动机上的插头；

（4）拆下底板上 M4×8 螺钉，拆下底板，如图 11-23 所示；

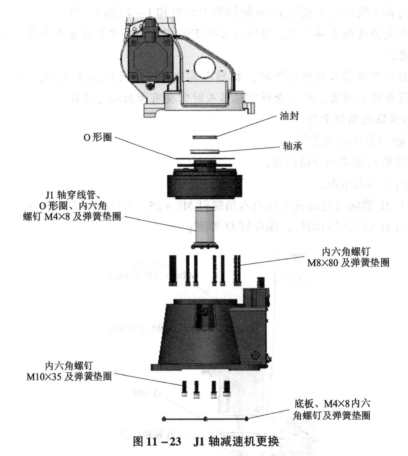

油封

O 形圈

轴承

J1 轴穿线管、
O 形圈、内六角
螺钉 M4×8 及弹簧垫圈

内六角螺钉
M8×80 及弹簧垫圈

内六角螺钉
M10×35 及弹簧垫圈

底板、M4×8 内六
角螺钉及弹簧垫圈

图 11-23　J1 轴减速机更换

（5）垫起底座，拆下底座里的 M4×8 螺栓，即可拆分底座和 J1 轴减速机；

（6）拆下 J1 轴减速机上的螺钉 M8×80，即可拆分减速机与转座；

（7）拆下 J1 轴减速机上的穿线管、O 形圈、轴承及油封即可更换减速机。

反向操作即为安装步骤，安装过程中注意螺纹胶及密封胶的涂装。

3．J2 轴伺服电动机更换

危险：当移除 J2 轴电动机时，大臂及以上部件失去制动力矩，所以在移除 J2 轴电动机时，机器人各轴要停留在合适位置，并对大臂及以上部件做好固定工作（比如：可以用吊机吊住机器人小臂部分）。

更换 J2 轴伺服电动机步骤：

（1）把机器人移动到合适位置；

（2）关闭机器人电源，做好固定工作；

（3）拔去电动机上的插头；

（4）拆下 J2 轴伺服电动机上的内六角螺钉 M8×25，如图 11-24 所示；

（5）抽出 J2 轴伺服电动机，保存好 O 形圈；

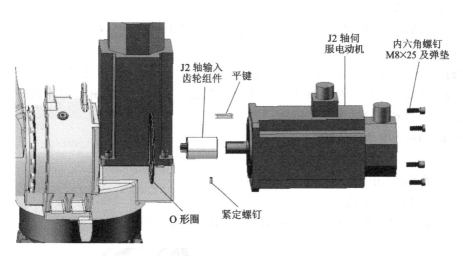

图 11 - 24　更换 J2 轴伺服电动机

（6）拆下电动机齿轮上的紧定螺钉，拆下齿轮，保存好平键；

（7）更换伺服电动机。

反向操作即为安装步骤，安装过程中注意螺纹胶及密封胶的涂装。

4. J2 轴减速机更换

更换 J2 轴减速机步骤：

（1）把机器人运动到合适位置（大臂及以上合适起吊）；

（2）关闭机器人电源，吊装好大臂；

（3）拆下 J2 轴伺服电动机（详见上节步骤）；

（4）拆下大臂侧 J2 轴定位块及内六角螺钉 M8 × 30；

（5）吊走大臂及以上部分，保存好 O 形圈；

（6）拆下 J2 轴减速机上内六角螺钉 M6 × 35，即可拆下 J2 轴减速机，保存好 O 形圈等其他零件，如图 11 - 25 所示；

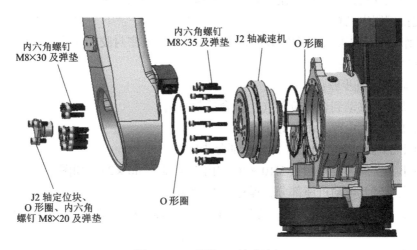

图 11 - 25　更换 J2 轴减速机

（7）更换减速机。

反向操作即为安装步骤，安装过程中注意螺纹胶及密封胶的涂装。

5．J3 轴伺服电动机更换

危险： 当移除 J3 轴电动机时，小臂及前端部件在重力作用下有向下转动趋势，所以在移除 J3 轴电动机时，机器人各轴要停留在合适位置，并对小臂及前端部件做好吊装工作（比如可以用吊机吊住机器人小臂部分）。

更换 J3 轴伺服电动机步骤：

（1）把机器人移动到合适位置；

（2）关闭机器人电源，机器人小臂固定工作；

（3）拔去电动机上的插头；

（4）拆下 J3 轴伺服电动机上的内六角螺钉 M8×30，如图 11-26 所示；

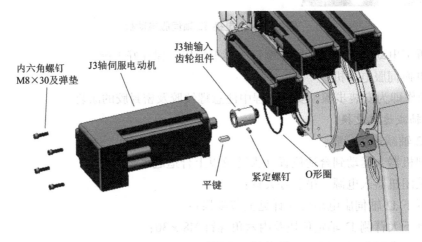

图 11-26　更换 J3 轴伺服电动机

（5）抽出 J3 轴伺服电动机，保存好 O 形圈；

（6）拆下电动机齿轮上的紧定螺钉，拆下齿轮，保存好平键；

（7）更换伺服电动机。

反向操作即为安装步骤，在安装过程中注意螺纹胶及密封胶的涂装。

6．J3 轴减速机更换

更换 J3 轴减速机步骤：

（1）把机器人移动到合适位置（小臂合适起吊）；

（2）关闭机器人电源，吊装好小臂；

（3）拆下 J3 轴伺服电动机（详见上部分步骤）；

（4）拆下大臂侧内六角螺钉 M10×30 和内六角螺钉 M6×25，如图 11-27 所示；

（5）吊走小臂及电动机座部分，保存好 O 形圈；

（6）拆下 J3 轴减速机上的内六角螺钉 M5×25，即可拆下 J3 轴减速机，保存好 O 形圈等其他零件；

（7）更换减速机。

反向操作即为安装步骤，安装过程中注意螺纹胶及密封胶的涂装。

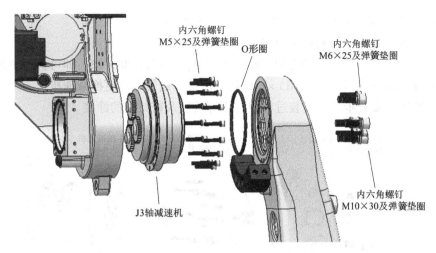

图 11 - 27　更换 J3 减速机

7. **J4 轴伺服电动机更换**

更换 J4 轴伺服电动机步骤：

（1）把机器人移动到合适位置；

（2）关闭机器人电源；

（3）拔去电动机上的插头；

（4）拆下 J4 轴伺服电动机上的内六角螺钉 M5 × 16，如图 11 - 28 所示；

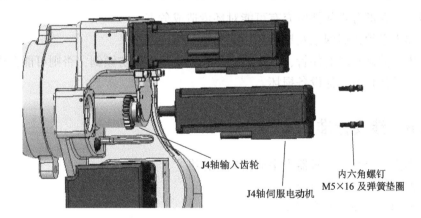

图 11 - 28　更换 J4 轴伺服电动机

（5）抽出 J4 轴伺服电动机；

（6）拆下电动机齿轮上的紧定螺钉，拆下齿轮，保存好平键；

（7）更换伺服电动机。

反向操作即为安装步骤，安装过程中注意螺纹胶及密封胶的涂装。

8. **J4 轴减速机更换**

更换 J4 轴减速机步骤：

（1）把机器人移动到合适位置（小臂适合起吊）；

（2）关闭机器人电源，吊装好小臂；

（3）拆下 J4 轴伺服电动机（详见上节步骤）；

（4）拆下小臂端六角螺钉 M6×30、弹簧垫及垫板；

（5）抽走小臂部分，保存好 O 形圈；

（6）拆下减速机上的内六角螺钉 M6×60 及内六角螺钉 M8×25，即可拆下减速机；

（7）拆下减速机穿线管上的 M3×6 螺钉，拆下穿线管即可更换减速机。

反向操作即为安装步骤，安装过程中注意螺纹胶及密封胶的涂装。

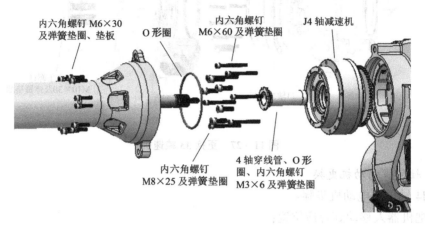

图 11 – 29　更换 J4 轴减速机

11.4.5　废弃

将机器人所含部分零部件废弃有可能对环境造成危害。

废弃机器人必须遵照国家及地方的相关法律和规定。

即使是废弃前做临时的保管，也应将机器人固定牢靠以防倾倒，否则可能会由于机器人摔倒而造成人员伤亡或其他设备损坏。

11.4.6　涉及标准

本章内容主要介绍了本机器人手册所参照标准：

◆ GB 2893—2008　安全色

◆ GB 2894—1996　安全标志

◆ GB 4053.3—1993　固定式工业防护栏杆

◆ GB 5083　生产设备安全卫生设计总则

◆ GB/T 15706.1—1995　机械安全基本概念与设计通则　第一部分：基本术语、方法学

◆ GB/T 15706.2—1995　机械安全基本概念与设计通则　第二部分：技术原则与规范

◆ GB/T 20867—2007　工业机器人安全实施规范

◆ GB/T 11291—1997　工业机器人安全规范

◆ GB/T 5226.1—1996　工业机械电气设备 第一部分：通用技术条件

◆ GB/T 12642—2001　工业机器人性能规范

◆ GB/T 12644—2001　工业机器人特性表示

◆ GB/T 2423.1—2001　电工电子产品环境试验 第二部分：试验方法

附　　录

螺栓拧紧扭矩表

螺钉规格	M3	M4	M5	M6	M8	M10	M12	M14	M16	M20
拧紧扭矩／（N·m） （12.9级）	2.45	4.9	9.8	16	40	79	137	219	339	664

参 考 文 献

[1] 龚仲华. 工业机器人从入门到应用 [M]. 北京：机械工业出版社，2016.

[2] 叶晖. 工业机器人典型应用案例精析 [M]. 北京：机械工业出版社，2016.

[3] 林燕文，李曙生. 工业机器人应用基础 [M]. 北京：北京航空航天大学出版社，2016.

[4] 黄风. 工业机器人编程指令详解 [M]. 北京：化学工业出版社，2017.

[5] 韩建海. 工业机器人（第三版）[M]. 武汉：华中科技大学出版社，2015.

[6] 张培艳. 工业机器人操作与应用实践教程 [M]. 上海：上海交通大学出版社，2009.

[7] 蒋刚. 工业机器人 [M]. 成都：西南交通大学出版社，2011.

[8] 李阳. 工业机器人工作站维护保养 [M]. 北京：机械工业出版社，2013.